开讲啦 Ⅲ

想法如果不改变
活法一定不体面

高轶飞 ◎ 编著

一个人能走多远，取决于他能想多远；
一个人能有多大的成就，取决于他有多少全新的想法。

中国华侨出版社

图书在版编目（CIP）数据

想法如果不改变，活法一定不体面/高铁飞编著. —北京：中国华侨出版社，2013.7（2021.4重印）
（开讲啦；Ⅲ）
ISBN 978-7-5113-3799-3

Ⅰ.①想…　Ⅱ.①高…　Ⅲ.①成功心理–通俗读物
Ⅳ.①B848.4-49

中国版本图书馆 CIP 数据核字（2013）第 157421 号

● 想法如果不改变，活法一定不体面（开讲啦 Ⅲ）

编　　著/高铁飞
责任编辑/文　喆
封面设计/智杰轩图书
经　　销/新华书店
开　　本/710×1000 毫米　1/16　印张 16　字数 220 千字
印　　刷/三河市嵩川印刷有限公司
版　　次/2013 年 9 月第 1 版　2021 年 4 月第 2 次印刷
书　　号/ISBN 978-7-5113-3799-3
定　　价/45.00 元

中国华侨出版社　北京朝阳区静安里 26 号通成达大厦 3 层　邮编 100028
法律顾问：陈鹰律师事务所
编辑部：（010）64443056　　64443979
发行部：（010）64443051　　传真：64439708
网　　址：http://www.oveaschin.com
e-mail：oveaschin@sina.com

前　言

　　生命是个艰辛的历程，充满许多的挑战与困难。对于这些生命的考验，人不能永远以一成不变的思考型态、老套的解决模式来处理危机。人需要不断调适、成长和创造，才能走出泥淖，走向光明的未来。发挥个人适应能力的关键，在于改变想法，换个角度看事情，就会有新意和创意。

　　想法对人生极其重要，它决定着我们的活法，也决定着我们的成败得失。正如著名作家丁玲所说："对于一个有思想的人来说，没有一个地方是荒凉偏僻的。在任何逆境中，她都能充实和丰富自己。"我们想追求成功，首先心中就不能没有关于成功的想法意识，只有心里先有了强烈渴望成功的想法，才有永不放弃的追求动力。想法有多远，人才能走多远。

　　思想是行为萌芽的种子，行为是思想绽放的花朵，每个人的言行举止，都源于内心的想法。没有自我想法的人，就如提线木偶，缺少自己独特的思考，很难能走向成功。人的想法也会带动行为，牵引感受和情绪，随之而来的是面对行为结果的心思。唯有在陷入困境时改变想法，才能突破思考的盲点，看出新希望。

　　人与人之间根本没有多大区别，只是因为想法不同，看问题的角度不同，解决问题的方法不同，所以导致了出路的天壤之别。这个世界上没有做不到的事，只有想不到的事。一个人能走多远，取决于他能想多远；一个人能有多大的成就，取决于他有多少全新的想法。

而活法就是一种生存状态，它不在于你地位上的高与低，金钱上的多与寡，而在于你看待地位与金钱的态度，在于你对于生活中得失荣辱的想法。你的想法若改变，你的态度跟着改变；态度改变，你的习惯跟着改变；习惯改变，你的性格跟着改变；性格改变，你的人生跟着改变。从小到大，自内而外，由里及表，想法影响我们的判断、决断、做人做事，改变我们的人生，决定我们的命运。

目　录

主宰想法，掌控命运

　　人是自己思想的主宰者，持有应对任何境遇的钥匙。能否掌握成功的关键，就在于你能否用积极的想法主宰自己。你既可以错误地滥用思想，放纵自己，摧毁自己，最终堕落为禽兽之辈，也可以正确地选择思想并付诸实践，从而达到神圣完美的境界，收获硕果累累的明天。只要下定决心，认真去做，你完全可以实现自己的意愿，使自己成为自己想成为的那种人。

思想是支配一切行动的指南……………………………………… 2
控制好自己的想法………………………………………………… 4
是富翁还是乞丐？取决于你的想法……………………………… 6
想法牵引幸福……………………………………………………… 9
你想怎么活？……………………………………………………… 11
要想改变命运，首先改变想法…………………………………… 12
别把眼睛盯在消极面上…………………………………………… 16

诚实负责的想法，会令你备受信任

做人做事最重要的是诚实负责，不管你做什么事，下什么决定，都应该以诚信为本，对由此产生的结果也要承担起自己的责任，不能成功时忙着抢功，而失败时则着急推诿。那样只会让他人看不起，久而久之，周围的人也都会认清你的真面目，与你分清界限，拒绝与你为伍，你的人生也就毁了。

以诚相待，以情动人	20
真诚是最好的人生品牌	21
尔虞我诈，得不偿失	23
失信者寸步难行	24
诚信者遍游天下	25
是我的错，由我负责！	28
别为过错找借口	30
错而不改，是谓过矣！	32
以负责的态度挽救形象	34
负荆请罪，转"危"为安	36

勤奋务实的想法，会助你"功到自然成"

人生想要有所收获，就是要有勤勉实干的精神，一分辛苦一分收获，只有脚踏实地，厚积薄发，才能后劲十足。一味地靠走捷径与投机取巧是成不了大事的。虽然当今社会上一夜暴富的例子屡见不鲜，但这些成功者在富裕之前，默默耕耘的辛劳又有几个人看到呢？他们的成功也是靠一步一个扎实的脚印走出来的。

人间自有公道，付出才有回报	40
剔除你的懒筋	42
莫让懒惰占有你	44
一步步地往前走	46
一屋不扫何以扫天下	48
"机关算尽太聪明，反误了卿卿性命"	51
凝神静气，将事情做到尽善尽美	52
还没学会跑，就不要想着飞	54

自信坚持的想法，会令你一往无前

自卑放弃是成功的敌人，使我们变得胆怯、虚弱，也使我们的人生脆弱，经不住生活的风雨，除了消磨一个人的雄心、意志，没有其他好处。其实，走在人生路上，困难总要面对，风雨总要经历，但只要我们能够自信一点，坚持一下，无所畏惧，最终必能拨开乌云见天日，柳暗花明又一村。

自信是成功的基础	58
自卑是无能的表现	60
消除自卑侵害	61
我一定行！	63
与挑战纠缠到底	64
每次跌倒，都是一个新的起点	66
幸福偏爱坚强的人	68
坚持就有希望	70
不抛弃，不放弃	73

"拼""闯"的想法，会让你牢牢抓住眼前机遇

不登山巅难以领略绝妙的风景，不敢闯敢干难以收获丰厚的果实。有道是，风险与机遇同在。在一定情况下，刚毅果断，敢冒风险，是一种可贵的品质，也是成就人生事业的必要精神。畏首畏尾，优柔寡断，只会贻误良机。当机立断，勇敢去做，才能抓住机遇，找到成功的路。

胜利险中求	76
畏畏缩缩不会成功	77
敢想还要敢做！	79
何来诸多顾虑？	81
机遇眷恋智勇双全之人	82
观众永远成不了主角	83
即使尚不足月，也胜于胎死腹中	85
想吃龙肉，就得提戟入海	87

创新变通的想法，会令你前途一片光明

现在社会追求创新，只会盲目苦干、固执蛮干、不懂得随机应变的人，只有重复没有前途。勤于运用自己的智慧，跳出思维定势，懂得另辟蹊径，出奇制胜，才能使我们更容易走向成功，创造奇迹，未来前景也会更光明，可以说灵活创新诠释卓越人生。

驴子只会围绕磨盘打转	90
跟着别人走，永远居于人后	91

发动一场大脑革命 …… 93
打乱固有思维 …… 95
不能让习惯成自然 …… 97
善出奇者，无穷如天地 …… 99
人可穷，心不能穷 …… 101
如果打错方向盘，请马上踩下刹车！ …… 102
坚持不等于偏执 …… 105
做人别做"榆木疙瘩" …… 107

谋定后动的想法，能使你运筹帷幄

做事能够三思而行，谋定后动，就可以避免很多麻烦，也可以少走一些冤枉路。选择正确，才能从容不迫、做得正确。做任何事情，有了周密的安排，然后按部就班地去做，就能应付自如，不会手忙脚乱，才能像谢安那样，在淝水之战的紧张时刻，还保有下棋的闲情逸致；才能拥有"泰山崩于前而色不变、麋鹿兴于左而目不瞬"的沉稳。

事因谋而成，因不谋而败 …… 110
有了方向，才能确定往哪儿走 …… 112
选择比方法更重要 …… 114
选择有误，再多努力亦枉然 …… 115
适当割舍，考虑清楚你想要什么 …… 118
勿逞匹夫之勇 …… 120
遇事三思而后行 …… 122
没有张良计，何来汉家四百年 …… 124

低调谨慎的想法，会让你免遭人嫉

人们常说"天不言自高，地不言自厚"。自己有无本事，本事有多大，自己不一定明白，别人却能够看得最清楚，自高自大只会引来讥笑，也最容易让人失败。人生在世，总是谦虚一些、谨慎一些，多一点自知之明为好。惟谦虚者能享胜利而不被人妒，惟谨慎者能小心驶得万年船。

吹牛不受待见 ………………………………………… 128
没有人喜欢抬头看人 ………………………………… 130
别总想着出风头 ……………………………………… 132
人不可有傲气，但不能无傲骨 ……………………… 134
今日我以盛气凌人，预想他日人亦盛气凌我 ……… 136
不要抢了别人的镜头 ………………………………… 138
饱满的果实，从不昂指苍穹 ………………………… 139
预防嫉妒暗杀 ………………………………………… 142
是好意？还是另有他意？ …………………………… 144
注意！乐极生悲！ …………………………………… 146
饶过你一次，未必会饶你第二次 …………………… 148
防人之心不可无 ……………………………………… 151

淡泊名利的想法，会让你身心俱爽

身外之物却最能累人，凡是把它们看得很重的人，必易将被名缰利锁所困扰，也难免生活得不悠游自在。迷于心中所好，人也难免看不清更好的前途，更容易因此犯错误，而舍得眼前的诱惑，反而能得到最后的辉煌，不拘于物是大智慧。

金钱重要还是健康重要？	154
别要钱不要命！	156
将挣钱变成享受，将享受融入生活	158
别为欲望耗尽生命	160
漫看天边云卷云舒	162
清心寡欲，消除人生隐患	164
莫被欲望迷住心窍	167
不累于俗，不拘于物	169
得意之时，勿忘形骸	172
苦乐随缘，释然是一种大智慧	173
宠辱不惊，闲看庭前花开花落	176

宽容忍让的想法，会令你"德"、"益"双收

　　宽容忍让是处世良方，是成功之钥，是人际关系的润滑剂。有宽容忍让之心，事过不留痕，心态更旷达，有宽容忍让之心，家庭更和睦幸福，有宽容忍让之心，生活更轻松。而不懂得宽容忍让就难免小事成大，惹火烧身。追寻历史，我们会发现能够成就大事的人都有大气量，都能容他人之所不能容，忍他人之所不能忍，懂得适时低头，欲进先退。

| 宽容会为你拉拢人心 | 180 |
| 遇事退让，少几许纷争多几分和谐 | 182 |

客观看待他人之过 ·············· 184
海纳百川,有容乃大 ·············· 186
放"小人"一马 ·············· 189
化干戈为玉帛 ·············· 191
能忍人所不能人之忤,方能为人所不能为之事 ······ 193
静观时局,屈才就下 ·············· 194
一忍可以制百辱 ·············· 196
气大伤身,遇事多往好处想 ·············· 198
掷一时之气,何苦来哉? ·············· 201

感恩知足的想法,会让你其乐无穷

感恩知足是一种积极的、乐观的生活态度。感恩知足是面对生活中总要经历的挫折不渴求命运的特别垂青,也不抱怨,而是坚强面对,积极努力寻求出路,是善待自我,乐观生活。生活中同样有不如意,感恩知足的人们不会觉得悲伤、难过、消沉,他们不让这些情绪过度影响正常的生活。心上的很多包袱,应该放下的都努力放下。知足长乐,自得其乐。

幸福就是那么简单 ·············· 204
乐始于足而毁于贪 ·············· 205
得陇莫望蜀 ·············· 206
养生之道,莫过于清心 ·············· 208
知足者常乐 ·············· 210
本来无一物,何处惹尘埃 ·············· 213
若无闲事心头挂,便是人间好时节 ·············· 215

世事多变，要勇于接受现实…………………………………… 217
"放下"就是一种解脱………………………………………… 220

重家行善的想法，会让你尽享人生幸福

如果你想幸福，就不要忙于事业而忽略了家庭感情。只有家庭幸福，努力事业才有乐趣，否则赢了财富，丢了幸福，只剩繁忙的人生太苦。如果你想感受温暖，那就不妨多行些力所能及的善事，非是求福报而是求心安，看着需要帮助的人得偿所愿，你会感觉快乐。重视家庭，你会收获幸福。乐于行善，你会收获温暖。

人不能没有事业，更不能没有家庭………………………… 224
比钻石更贵重的东西………………………………………… 226
给"痛苦"一碗闭门羹………………………………………… 228
家庭、事业双丰收…………………………………………… 229
"乐善好施"也是一种投资…………………………………… 231
学会与人分享，你将收获更大的幸福……………………… 233
"友善"能够为你招财进宝…………………………………… 235
奉献着，快乐着……………………………………………… 236
让爱泛滥起来！……………………………………………… 239

主宰想法,掌控命运

人是自己思想的主宰者,持有应对任何境遇的钥匙。能否掌握成功的关键,就在于你能否用积极的想法主宰自己。你既可以错误地滥用思想,放纵自己,摧毁自己,最终堕落为禽兽之辈,也可以正确地选择思想并付诸实践,从而达到神圣完美的境界,收获硕果累累的明天。只要下定决心,认真去做,你完全可以实现自己的意愿,使自己成为自己想成为的那种人。

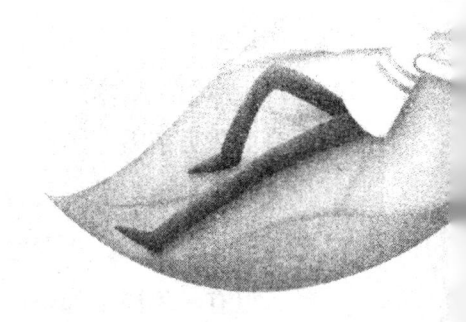

思想是支配一切行动的指南

思想是支配一切行动的指南，是令人惊奇而又无可比拟的利器。因为人具有丰富的思想，而使人睿智和高贵，又因为人具有丰富的思想，而在改造世界、创造世界的实践活动中，不断推动人类社会的文明进步与发展。

正如法国著名科学家、思想家、作家帕斯卡尔先生在他的《人是能够思想的芦苇》中说："人之所以伟大，是因为人有自己的思想。"在帕斯卡尔看来，如果人没有思想，就与芦苇没有区别，而且是"自然界最脆弱的东西"，也是社会上最可怜的。帕斯卡尔一句话解剖了人类存在的根本——即人的思想是最强大的利器，这也让我们更深入地认识到人在社会中的地位和价值。

人有了思想，就具有了自我认识的过程及反省的过程，就能够认识哪些是可贵的，哪些是可悲的，也可以区别事物的好坏和所作所为之善恶，可以因此形成自己的做事风格，评估自己为人处世的水平，同时可以反思自己的错误，吸取经验教训，防范于未然。

有一次，浙江工业大学举办了一场"生存基金"增值比赛，每组6人，每组领50元钱，看哪个组能在一天时间内，让它迅速增值。

比赛中，许多同学选择了临时工，但只有少数人成功了，一些建筑工地、网吧、送水站等，根本不需要他们，因为大部分大学生很难承担大量的体力劳动。虽然有的同学央求只需要一餐饭作为回报就可以了，但仍然被拒之门外。大部分同学"颗粒无收"，早上领走的50元，除了乘车、买饮料、用餐之外，所剩无几。

但有一组同学却带回了669元。他们事先在杭州最繁华的武林广场附近做了一个商业调查，决定制定一个直销方案，以这次活动为品牌，说服武林广场附近商家在他们的帽子、衣服、队旗等上面进行冠名。结果，一位饭店老板被同学们说动了，愿意购买冠名权，经过谈判，饭店老板最终以九百元取得了冠名权。于是，同学们在花费了200多元的成本制作饭店广告标识之后，盈利669元。这个结果令组织者也意料不到。

组织者事先认为，最明智的办法是批发一些饮料进行售卖，稳扎稳打地让50元基金增值。但出售冠名权这个突破常规的创意，让人耳目一新，也取得了不错的成绩。

这只是一场比赛游戏，但是如果这是一场长长的人生比赛呢？同样也会因为你的思想差异而形成结果差异。人与人的最重要的不同就在于想法和思想的不同，思路决定出路，格局决定成败，什么样的思想决定什么样的人生。就像同一生长环境里的双胞胎一样，有可能长大成人之后性情各异，成就也迥然不同，原因就在于他们对于发生在周围的事有了不同的想法，逐渐地这些想法形成性格、思想、做人做事的态度，最终决定他的一生。

任何一个人的内心想法，都是一个构造独特的世界，蕴藏着极大的能量。它的爆发，既可以将你推入万丈深渊，也可以助你走向成功的彼岸。我们要想获取成就，就必须先有自己的思想。没有思想，意识处于混沌时期，连认识自己和看清别人都无法做到，更难对身边的状况作出良好回应。作为芸芸众生中的一员，踏入社会，以后要怎样生存？又要怎样发展？遇到困难如何解决？……种种问题都需要我们独立思考，有自己的独特想法，确立自己为人处事的准则，从而扬长避短、趋吉避凶，也只有这样，我们才能在激烈的竞争中立于不败之地。

控制好自己的想法

俗语说：情人眼里出西施。为什么会这样呢？因为"情人"被想法左右了，他的认识水平和判断力已经完全向内心屈服。他爱意浓浓，对心爱之人一往情深，此时，他看见的一切都是自己希望看见的。于是，即使对方很平凡，在情人的眼里，她也像西施一样美丽动人。人的行为常常就是这样由想法来决定，好想法决定正确的行为，坏想法决定错误的行为。

西方有一个古老的故事——一位住在海滨的哲学家，一天突然产生了这样一个想法，他想横渡大海，去海的对岸看一看。他是一位逻辑学家，经过冷静的思考，他理智地归纳出了这次航海可能遭遇的不同问题，结果他发现他不应当去的理由比应当去的理由更多：他可能会晕船；船很小，风暴也可能危及他的生命；海盗的快艇正在海上等待着捕获商船，如果他的船被他们捉住了，他们就会拿走他的东西，并把他当奴隶卖掉。这些理由和判断表明他不应该作这次旅行。

然而，这位哲学家还是作了这次旅行。为什么呢？因为横渡大海的想法已变成了一种挑战。跃跃欲试的想法冲击他的保守说："朋友，这件事在推理上虽有些令人生畏，但情况也许并不像你想象的那样坏。你常常都是一个幸运儿，这次也不例外。"冒险的想法牢牢地控制住了这位哲学家，以至于后来，他觉得如果不进行这次航海，他就会坐立不安，甚至可以说，会成为他人生的一大遗憾。于是他扬帆起航了。虽然路上几次遇险，但他都凭借自己的智慧安然躲过，最终，他竟然真的横渡了大海，来到了对岸。这个故事生动地说明了一件事：行为跟着想法走！

既然行为跟着想法走，那么当我们对某件事做决定时，内心就不能着急，一定要心平气和，最好是既不自卑也不自信，既不犹豫也不冒进，既不积极也不消极。只有在这种状态之下，我们才能敏锐地观察出客观问题的特点，才能准确地判断出事情的变化，才能够真正地做出正确的决策。如果我们的内心调整不到这一状态，我们对外界形势的判断就会受主观想法的影响，不能够做到客观地判断，结果就会给自己造成极大的损失。

第二次世界大战时期，德国的纳粹分子曾进行了一次触目惊心的心理实验，他们声称将以一种特殊的方式来处死人，这种方式就是抽干人身上的血液。实验那天，他们从集中营挑选来两个人，一个是牧师，另一个是普通工人。纳粹士兵将两人分别捆绑在床上，用黑布蒙住他们的双眼，然后将针头插进他们的手臂，并不时地告诉他们：现在，你已经被抽了多少升血了，你的血将在多少时间内被抽干！其实，纳粹士兵并没有真的抽他们的血，只是在他们的手臂上插进了一支空针头。结果，工人的面部不断抽搐，脸色变得惨白，渐渐地在惊恐万状中死去。而那位牧师却始终神情安详，死神没有夺取他的生命，他活了下来。

从这个实验中，你也许会对这两个人的不同命运产生疑问。但当人们问起牧师当时的感想时，牧师回答说："我的内心很平静，我不害怕，我问心无愧，即使死了，我的灵魂也会进入天堂。"可见，在实验进行过程中，两个人都面临死亡的现实，不同的是，那个工人极端恐惧的想法让他采取了放弃生命的行为，认为自己一定没有机会生存下去了，而最终心力衰竭地死去。牧师因为拥有平和的想法，正视自己，从容地面对当时的一切，结果反而幸存了下来。

当我们的人生遇到大的转折之时，我们就更应该控制好自己的想法，否则，就会对客观情况的变化视而不见、听而不闻，就会抓不住问题的症结所在，就会把内心的愿望误认为是客观的事实。如此一来，我们就不能真正地去审时度势，就会对情况做出错误的判断，采取错误的行为，导致我们的人生陷入更大的困境中。

是富翁还是乞丐？取决于你的想法

天是同一个天，地是同一个地，一样的政策，甚至一样的学历，一样的班级，为什么有些人可以月赚万元乃至数十万元，有些人却只能保持温饱？许多人百思不得其解，总是认为自己运气不佳。其实金钱来源于头脑，财富只会往有头脑的人的口袋里钻，正所谓"脑袋空空，口袋空空；脑袋转转，口袋满满"。人与人的最大差别是脖子以上的部分。

有人长期走入赚钱的误区，一想到赚钱就想到开工厂、开店铺，这一想法不突破，就抓不住许多在他看来不可能的新机遇。真正想一想，成功与失败，富有与贫穷，只不过是一念之差。

（1）富人相信获得财富靠规律，穷人相信获得财富靠运气

富人相信今天穷富与否都由自己创造，一定有规律，而当他找到这一规律时，他就能够不断地复制财富。而穷人相信财富靠运气，所以他们的思维模式经常是找借口、抱怨、怨天尤人、否认一切，却从来没有反省自己有什么问题。

（2）富人看到的是机会，穷人看到的是困难

在创造财富的过程中，大家可能会遇到问题、挫折、挑战、磨难，甚至打击，富人想的是全力以赴采取行动创造财富，所以他们在这个过程当中永远看到的是机会。穷人也天天想赚钱，但当他看到机会的时候，习惯性思维首先想到的是困难，结果就不敢去闯了，说"算了，我放弃吧，风险太大了，再换下一个"，养成的是放弃的习惯。

（3）富人相信我大过问题，穷人觉得问题大过我

在成功的过程中，没有人不会遇到困难，没有人不会遇到挑战。富

人成功不是因为他们命好，不是他们遇到的问题少，而是他们有一个坚定的信念，告诉自己"我大过问题"，我一定能够找到解决问题的方法和策略。可是穷人遇到困难就缩手缩脚，就放弃了，就讲一些消极的话："这个很难；这个不可以；这个做不到；我真的没办法去解决它；这个不是我能做的……"总是觉得问题大过我。

（4）富人看到的是"价值"，穷人希望得到的是"免费"

富人经常向成功的人学习，甚至付费来获得宝贵经验，因为富人想到的是"价值"。当然穷人也会向别人请教，但他们经常问的都是跟他同一格局的人，比如父母、同学、同事等等，虽然这些人提供的信息都不需要向他收费，但又能有多少价值呢？所以，穷人的收入是经常和他在一起的5个人的平均值。

（5）富人想的是"赢大"，穷人想的是"输小"

如果你的人生是以"赢"为主，是以"赢更多"为目的，那么你的想法、策略、信念、状态就是积极向上的。如果你是想不输，你的生活大部分都会徘徊在盈亏线上。"在这个世界上真正的风险就是不敢冒任何风险"。在富人的观念中，风险越高，回报也越高，如果有30%的把握，那就不妨拼一下；而穷人想的是我千万不能输，要输的话尽量少输一点，不然我生活就没办法，这样想就把自己拘束住了，机会来了犹犹豫豫，反而容易失去，容易亏损。

（6）富人热爱并善于销售和宣传，穷人讨厌销售和宣传

如果你跟有些人说某某销售工作多么棒，穷人的思维就会想：神经病，我才不去呢！太丢脸，那是没本事的人干的。可是富人却热爱销售，喜欢销售，乐意跟人打交道，愿意把自己的产品跟别人分享。其实宣传和销售是非常有用的，再伟大的产品，再伟大的点子，再伟大的理念，没有销售，没有宣传，谁又知道呢？

（7）富人以结果为导向、乐意付出，穷人以时间为导向，不会付出

富人愿意付出，愿意贡献，并且懂得接收，他很乐意接受成功，接收困难，接收挑战。同时他也乐意付出，就像氧气吸进来，也要呼出去一样，这样财富才能流动。就像比尔·盖茨已经把自己财富的99%捐给了自己的基金会。其实捐的越多，赚的就越多；付出的更多，得到的就更多。可是穷人不懂得接收，不懂得付出，基本上他们的生活模式是以时间为导向，也就是说他打工一天8个小时，下班了，就结束了，整天考虑的是如何打发时间，他们不知道这些时间能为他做什么，不知道能为他创造什么。

（8）富人让金钱努力地为自己工作，穷人让自己努力地为金钱工作

富人赚钱都不辛苦，因为他们用钱赚钱。而大部分人拼命为钱干活，今天加班，明天加点，也是想得到更多的财富，可还是赚钱效率不高。也就是说，富人努力想法儿让金钱为他们创造财富，而穷人努力想法儿拼命干活创造财富。如果我们今天为钱努力地工作，那么就要花费很长时间才能获得自由。可是让钱为我们努力工作，我们就能更轻松地获得财务自由、时间自由和生活方式的自由。

想法不对，努力白费，想法比努力更重要！今天的市场经济，大鱼吃小鱼，更是快鱼吃慢鱼，是观念的更新，是想法的变革，是头脑的竞赛。想要改变今天的贫穷局面，首先就要改变想法，学习富人们的赚钱想法。

想法牵引幸福

幸福是一种内心的满足感,是一种难以形容的甜美感受。它与金钱地位无关,只在于你是否拥有平和的内心、和谐的思想。

一个充满嫉妒想法的人是很难体会到幸福的,因为他的不幸和别人的幸福都会使他自己万分难受;一个虚荣心极强的人是很难体会到幸福的,因为他始终在满足别人的感受,从来不考虑真实的自我;一个贪婪的人是很难体会到幸福的,因为他的心灵一直都在追求,而根本不会去感受。

幸福是不能用金钱去购买的,它与单纯的享乐格格不入。比如你正在大学读书,每月只有七八十元钱,生活相当清苦,但却十分幸福。过来人都知道,同学之间时常小聚,一瓶二锅头、一盘花生米、半斤猪头肉,就会有说有笑,彼此交流读书心得,畅谈理想抱负,那种幸福之感至今仍刻骨铭心,让人心驰神往。昔日的那种幸福,今天无论花多少钱都难以获得。

一群西装革履的人吃完鱼翅鲍鱼笑眯眯地从五星级酒店里走出来时,他们的感觉可能是幸福的。而一群外地民工在路旁的小店里,就着几碟小菜,喝着啤酒,说说笑笑,你能说他们不幸福吗?

因此,幸福不能用金钱的多少去衡量,一个人很有钱,但不见得很幸福。因为,他或者正担心别人会暗地里算计他,或者为取得更多的名利而处心积虑。许多人全心全力追求金钱,认为有了钱就可以得到一切,事实证明,那只是傻子的想法。

其实,幸福并不仅仅是某种欲望的满足,有时欲望满足之后,体验到的反而是空虚和无聊,而内心没有嫉妒、虚荣和贪婪,才可能体验到真正的幸福。

湖北的一个小县城里，有这样一家人，父母都老了，他们有三个女儿，只有大女儿大学毕业有了工作，其余的两个女儿还都在上高中，家里除了大女儿的生活费可以自理外，其余人的生活压力都落在了父亲肩上。但这一家人每个人的感觉都是快乐的。晚饭后，父母一同出去散步，和邻居们拉家常，两个女儿则去学校上自习。到了节日，一家人团聚到一块儿，更是其乐融融。家里时常会传出孩子们的打闹声、笑声，邻居们都羡慕地说："你们家的几个闺女真听话，学习又好。"这时父母的眼里就满是幸福的笑。其实，在这个家里，经济负担很重，两个女儿马上就要考大学，需要一笔很大的开支。家里又没有一个男孩子做顶梁柱，但女儿们却能给父母带来快乐，也很孝敬。父母也为女儿们撑起了一片天空，让她们在飞出家门之前不会感受到任何凄风冷雨。所以，他们每个人都是快乐和幸福的。

古人李渔说得好："乐不在外而在心，心以为乐，则是境皆乐，心以为苦，则无境不苦。"意思是：一个人是否幸福不在于自己外在情况怎样，而在于内在的想法。如果你有积极的想法，即使是日常小事，你也会从中获得莫大的幸福；倘若你消极思考，那么任何事情都会让你感到痛苦。

苏轼说："月有阴晴圆缺，人有悲欢离合，此事古难全。"既然"古难全"，为什么你不去想一想让自己快乐的事，而去想那些不快乐的事？一个人是否感觉幸福，关键在于自己的想法。

法国雕塑家罗丹说过："对于我们的眼睛，不是缺少美，而是缺少发现。"生活里有着许许多多的美好、许许多多的快乐，关键在于你能不能发现它。

如果今天早上你起床时身体健康，没有疾病，那么你比几百万的有病之人更幸运，因为他们中有的甚至看不到下周的太阳了；如果你从未尝试过战争的危险、牢狱的孤独、酷刑的折磨和饥饿的滋味，那么你的处境比其他五亿人更好；如果你能随便进出教堂或寺庙而没有被恐吓、暴行和杀害的危险，那么你比其他 30 亿人更有运气；如果你在银行里有存款，钱包里有票子，盒里有零钱，那么你属于世上百分之八最幸运之人；如果你父母双全，没有离异，且同时满足上面的这些条件，那么你的确是那类很幸运的地球人。

所以，去工作而不要过于以挣钱为目的；去爱而忘记所有别人对你的不是；去跳舞而不管是否有他人关注；去唱歌而不要想着有人在听；去生活就想这世界便是天堂。这样，你就会发现生活中，其实你也很幸福！

你想怎么活？

西方心理学家说：你内心想的是什么样子，你的生活就会成为什么样子，如果你希望把握自己的命运，那么就从调整想法做起。

约翰毕业于上海外语学院英语系，在中国国际旅行社干了几年导游，觉得没劲，就辞职下海到布达佩斯做起了生意。

在古老的布达佩斯，欧式的建筑和不同的肤色挥洒着迷人的异国情调。秋天，凉风习习，黄叶铺地，景致优雅而安详。在蓝色的多瑙河边，就连赌场都建造得富丽堂皇。在其中的一家赌场里，约翰刚进赌场就迫不及待地钻进了人群，他希望自己能够一夜暴富，但幸运之神显然不愿帮助他，不一会儿，他就输了 4000 元。但他不甘心，便向朋友借了 2000 元，可是还不到一刻钟，他就再次败下阵来。但他仍不甘心，决定作最后一搏，这时的他内心充满欲望和妄想，他试图报一箭之仇，于是把自己的最后一点家当都抵压进去。结果，他还是输了。其实，他到布达佩斯时是中国人里面最富的，他带了 3 万美金，而有许多中国人仅带了几千，甚至是几百美金。然而，几年过后，许多中国人都腰缠万贯了，他却成了穷光蛋。

由于受到不劳而获的不良想法影响，约翰把自己的生活变成了一场灾难。不良的想法给人带来的是致命的影响，而另一方面，适宜的想法却可能帮你掌控自己的人生。

日本有名的战国大名织田信长有一次面对实力比他的军队强十倍的敌人，他决心打胜这场硬仗，但他的部下却表示怀疑。信长在带队前进的途中让大家在一座神社前停下。他对部下说："让我们在神面前投钱币问卜。如果正面朝上，就表示我们会赢，否则就是输，我们就撤退。"部下赞同了信长的提议。

信长进入神社，默默祷告了一会儿，然后当着众人的面投下一枚钱币。大家都睁大了眼睛看——正面朝上！大家欢呼起来，人人充满勇气和信心，恨不能马上就投入战斗。最后，他们大获全胜。一位部下说："感谢神的帮助。"信长说道："是你们自己打赢了。"他拿出那枚问卜的钱币，原来两面都是正面！

这个故事告诉我们，你的命运不是神在指引，而是由你的想法决定的。假如，你总处于消极状态，那你的命运也将一直处在低靡状态。就像这些部下在怀疑自己能否打赢一场战争一样。如果不是那枚两面都是正面的硬币给了他们信心，那场战争必定以失败而告终，命运之神告诉你："只有你自己确信自己有好运，好运才会降临。"

要想改变命运，首先改变想法

命运是可以改变的，因为它取决于你的想法，如果你能正视自我，并改变那些不良的思想，那么你的命运也会随之改变。

明代的时候，有一个有名的人物，叫袁了凡。年少时他曾在一个名叫慈云寺的寺庙里遇上了一位姓孔的老人。老人长须飘然，仙风道骨，长得超凡脱俗。经过一番交流之后，袁就把老者请到了自己家中。

母亲说："好好接待孔先生，让他给你算一算命，看灵不灵。"结果，孔先生算他以前的事情丝毫不差。孔先生告诉他："你明年去考秀才，要经过好几次考试。先要经过县考，县考时，你考中第十四名；县上面有府，府考时，你考中第七十一名；府上面有省，省考时，你考中第九名。"第二年，他去参加考试，果然一点也没有错，孔先生算得很准。

于是，袁又让孔先生为他推算终身的命运。孔先生告诉他："你某年应考第几名，某年可以廪生补缺，某年可以当贡生。当贡生后，某年又会去四川一个大县当县令，三年半后，便回到家乡。在53岁这一年的八月十日丑时，你将寿终正寝，可惜终身无子。"袁了凡将这一切都详详细细地记录下来，并且铭记在心。令人称奇的是，自第二年后每次考试的名次都与孔先生所算一致。

从此以后，袁真的认为一个人一生的吉凶祸福、生老病死、贫富贵贱都是上天安排好了的，不能强求。命里没有的，怎么动脑筋、怎么努力都得不到；命里有的，不用多想，也不用怎么努力，自然就会有。于是，他认命了，无求、无得、无失，一颗心古井无波。

一年，袁回到南方，去朝廷所办的大学——南京的国子监游学。入学之前，他到南京栖霞山拜访了著名的云谷禅师。他与云谷禅师在禅堂里对坐，三天三夜都没合眼，依然精神饱满，让云谷禅师暗暗称奇。

于是，云谷禅师问道："凡夫之所以不能成为圣人，是因为心中有杂念和妄想。你坐在这里三天三夜，我没有看到你有一个妄念。这是什么原因呢？"

袁回答道："因为我已经知道了自己的命运。20年前，有一位姓孔的先生早就算定了，我一生的吉凶祸福、生老病死都是注定的，还有什么好想的呢？想也没有用，所以干脆就不想了。"

云谷禅师笑了笑，说道："我还以为你是一位定力高深的豪杰，原来也只是一个凡夫俗子。"

袁向云谷禅师请教："此话怎讲呢？"

云谷禅师说："人的命运为什么会被注定呢？这是因为人有心、有妄想。人如果没有了心、没有了妄想，命运就不会被注定。你三天三夜不合眼，我以为你抛开了妄想，没想到你仍有妄想，这妄想就是——你什么都不想了。"

袁问道："既然如此，那么按照你的说法，难道命运可以改变吗？"

云谷禅师说道："儒家经典《诗经》和《尚书》里都说过这样一句话——命由我作，福自己求。这的确是至理名言。任何人的命运都是由自己的想法决定的，人的幸福也全看自己怎样去追求。佛家经典中也说：求富贵得富贵，求男女得男女，求长寿得长寿。妄语是佛家的根本大戒，佛难道还会妄语吗？难道还会欺骗你吗？"

袁进一步向云谷禅师请教："孟子说：'有所求，然后才能有所得。'其意思的确是指求在自己。但是，孟子的话是针对一个人的道德修养而言，人的道德修养无疑可以通过自身的培养而获得，而功名富贵是身外之物，难道通过内在的修身养性也可以获得吗？"

云谷禅师说："孟子的话没有说错，是你自己理解错了。你理解对了一半，另一半你还不知道。其实，除道德修养可以通过内心求得之外，任何一切也都可以求得。你难道没有听过六祖说的这样一句话吗？'一切福田，不离方寸，从心而觅，感无不通。'意思就是说，任何成功和幸福都离不开人的方寸之心，一切追求最终是否成功，都取决于人的想法。要追求一切，首先就必须从追求心灵开始。所以，孟子说的求在自己，不仅仅指道德修养，功名富贵也是如此。道德修养是内在自身的，功名富贵是外在的，但这两者的获得都应该从内心入手，而不要舍弃内心，盲目地在外面去追求。从内心入手，内外的追求都可以得到。

如果不反躬内省，只一味地向外追逐，那么，尽管你拼命努力，用尽了许多方法和手段，但这一切都是外在的，内心没有觉悟，你就只能像无头苍蝇一样四处碰壁，最终毫无结果。所以，一个人从外面去追求功名富贵，往往会内外两者都失掉。"

袁听完云谷禅师的话以后，豁然开朗。

云谷禅师告诉他说："孔先生说你不能登科，没有儿子，这是根据你的天性而算定的，这是天作之孽，完全可以通过内心的努力去改变它。只要你扩充自己的德性，改变自己的思想，多做善事，多积阴德，那么，你就能改变自己的命运。《易经》是一部高深的著作，中心思想就是教人趋吉避凶。如果说人的命运是注定的，又何须去趋吉避凶呢？"

听完云谷禅师的话以后，他便改名了凡，其含义是自己了解了安身立命之说，立志不走凡夫俗子之路，一定要改变自己的命运。他的想法开始发生了变化，心态也随之转变。以前，他放纵自己的个性，言行随随便便，过一天算一天。而现在，他时刻警觉，不断反省检点自己的行为，即使一个人独处的时候，也常常感觉有一种无形的力量在注视着自己；遇到有人憎恨诽谤他，他也能安然容忍，内心相当平静，不像从前那样心浮气躁，一点点委屈都受不了；整日小心谨慎，不敢让自己的行为越雷池半步。

第二年，礼部进行科举考试。孔先生算他该考第三名，他却考了第一名，孔先生的卦开始不灵验了。秋天的大考，他又考中了举人。孔先生算他命里不会中举，而他居然考中了。

从这以后，袁了凡便对命运变通之说深信不疑，时时刻刻检点反省自己：是否积善行德不勇敢？是否救人的时候常怀疑虑？是否自己的言论还有过失？是否清醒时能做到而醉后又放纵了自己？

之后，袁了凡更有了儿子，取名天启；不仅考中举人，而且还考取了进士；孔先生说他命里本应去四川当知县，他后来却在天津宝坻当了知县，最后官至尚宝司少卿；孔先生算他寿命只有 53 岁，他却一直活到 74 岁。袁了凡的故事。证明了一个奇迹的出现，证明只要你改变想法，开始走一条新路，命运就会改变。

命运是与想法是相辅相成的，有什么样的想法，就会有什么做法，不同的做法就会造成不同的结果；不同的想法就会作出不同的选择，选择不一样自然也会有不同的命运。你的想法决定了你的言行和人生，决定了你是否是一个成功的人。改变想法，才能改变你的命运。这个世界已不再是后知后觉者的天下，而是属于那些及时、恰当调整自己的想法以适应现实的人。

别把眼睛盯在消极面上

总从坏的一面看问题是一种悲观想法，它会抑制你的进取心，让你被忧虑侵蚀，因此，我们一定要战胜这种不好的思考方式。

一场大水冲垮了女人家的泥屋，家具和衣物也都被卷走了。洪水退去后，她坐在一堆木料上哭了起来：为什么她这么不幸？以后该住在哪儿呢？镇里的表姐带了东西来看她，她又忍不住跟表姐哭诉了一番，没想到表姐非但没有安慰她，还斥责起她来："有什么好伤心的？泥房子本来就不结实，你先租个房子住段时间，再盖砖瓦的不就好了！"

故事中的女人就是生活中的悲观者的代表，他们遇事总是拼命往坏的一面想，自找烦恼，死钻牛角尖，不问自己得到了什么，只看自己失去了多少，结果情况越来越糟糕，心情越来越低落。其实，任何事情都有坏的一面和好的一面，如果能从积极的方面看问题、想办法，那么就会有一个截然不同的结果，做起事来也就会更加得心应手。

有这样一则民间故事：有位秀才第二次进京赶考，住在一个以前住过的店里。考试前一天他接连做了两个梦：第一个梦是梦到自己在墙上种高粱；第二个梦是下雨天，他戴了斗笠还打伞。这两个梦似乎有些深意，秀才第二天就赶紧去找算命的解梦。算命的一听，连拍大腿说："你还是回家吧，你想想，高墙上种高粱不是白费劲吗？戴斗笠还打雨伞不是多此一举吗？"秀才一听，心灰意冷，回店收拾包袱准备回家。店老板非常奇怪，问："不是明天才考试吗，你怎么今天就回乡了？"秀才如此这般解说了一番，店老板乐了："咳，我也会解梦的。我倒觉得，你这次一定要留下来。你想想，墙上种高粱不是高种（中）吗？戴斗笠打伞不是说明你这次是有备无患吗？"秀才一听，觉得店老板的话比算命的话更有道理，于是精神振奋地参加考试，居然中了个榜眼。

角度不同，对问题的看法各有所异，有人积极，有人消极。消极思维者只看坏的一面，对事物总能找到消极的解释，最终他们也将得到消极的结果。而积极思维者却更愿意从好的方面考虑问题，并通过自己的努力，得到一个积极的结果。所有这一切正如叔本华所言："事物的本身并不影响人，人们是受到对事物看法的影响！"

悲观的人永远都是想到自己只剩下百万元而担忧，乐观的人却永远为自己还剩下一万元而庆幸。面对金黄的晚霞映红半边天的情景，有人叹息："夕阳无限好，只是近黄昏。"也有人想到的却是："莫道桑榆晚，晚霞尚满天。"面对半杯饮料，有人遗憾地说："可惜只有半杯了。"有人庆幸地说："尚好，还有半杯可饮。"不同的人对同一件事有不同的心情，就因为对其有不同的想法，结果当然也会大相径庭。

我们每个人都有自己的生活，都有选择精彩人生的机会，关键在于你的想法是否总是朝向积极的一面。凡事往好处想，就会觉得人生快乐无比。人生没有绝对的苦乐，只要凡事肯向好处想，自然能够转苦为乐、转难为易、转危为安。海伦·凯勒说："面对阳光，你就会看不到阴影。"积极的人生观，就是心里的阳光！

消极的人多抱怨，积极的人多希望。消极的人等待着生活的安排，积极的人主动安排、改变生活。积极的思想是快乐的起点，它能激发你的潜能，愉快地接受意想不到的任务，悦纳意想不到的变化，宽容意想不到的冒犯，做好想做又不敢做的事，获得他人所企望的发展机遇，你自然也就会超越他人。而如果让消极的思想压着你，你就会像一个要长途跋涉的人背着沉重而无用的大包袱一样，使你看不到希望，也失掉许多唾手可得的机遇。

诚实负责的想法,会令你备受信任

做人做事最重要的是诚实负责,不管你做什么事,下什么决定,都应该以诚信为本,对由此产生的结果也要承担起自己的责任,不能成功时忙着抢功,而失败时则着急推诿。那样只会让他人看不起,久而久之,周围的人也都会认清你的真面目,与你分清界限,拒绝与你为伍,你的人生也就毁了。

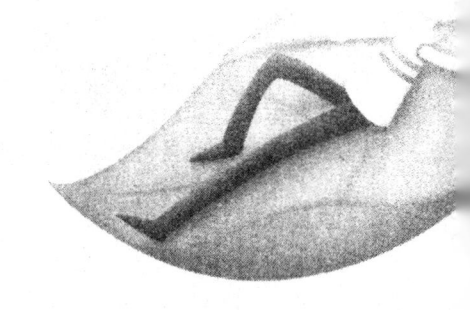

以诚相待，以情动人

英国作家狄更斯曾说："在一切商业交易中，信用第一。"天道酬勤，商道酬信，没有诚信就很难让他人信服，以诚为本，方可赢得人心。松下幸之助在这方面做得足够出色。

全日本家用电器销售店约有5万家，其中约有3万家是属于"松下"系统的，在世界各地，"松下"的代理店更是不计其数。看来，代理商都极愿意与松下进行业务往来。这难道仅是因为松下的产品价廉质优，能赢得顾客吗？还有什么别的原因呢？

那还是在松下的电冰箱出口之初。一次，一批松下产的冰箱运抵香港，香港代理店收到货后，发现这批货的包装破得乱七八糟。破烂的包装有损商品在顾客眼里的形象，又不方便顾客提货和运输，投不投放市场都将给代理店带来严重的后果。代理商急成了热锅上的蚂蚁。他派代表火速飞往松下总部所在地大阪，要约见松下的负责人。松下公司对此十分重视，几位最高领导人同时会见了这位代表。听完了他的陈述后，当即承认那批货包装不良，表示承担由此造成的一切责任，代表这才松了一口大气。后来，这个香港的代理商成了松下最忠实的代理商之一。

代理商们曾这样评论松下：表面看来，与其之间是一种商业联系，但归根结底，人与人之间的联系才是最基本的。松下让人感到人与人之间的温暖，这在其他公司是难得的；代理店提出要求，如质量或价格方面的意见，松下能知错就改；松下对代理店，真正做到了态度和蔼、感情亲切。

这些评论的言下之意都是：既然松下这样支持我们，我们代理店能不全力以赴吗？松下这样对待它的代理店是因为它明白，代理店是处于各大公司之间的弱小者，也是顾客与自己之间的弱小者，如果不支持他们，并且言而有信，他们就会倒向自己的竞争对手，或者自己失去顾客。

其实，代理商的职业决定了他们比企业主更了解市场行情，精明的生意人都喜欢同代理商和睦相处，甚至同他们交朋友。从他们口中，可以得到自己想知道的市场情报，例如各类商品的价格、某种产品的销路、市场竞争的形势以及其他状况。毕竟不管自己对此研究多么精深，只有代理商才能深入了解到竞争对手内部的经营和管理状态。

与代理商以诚相待，以信相交，并且支持他们，他们就会努力为自己卖力，就等于扩大了自己的势力，这正是"假途伐虢"精义之所在。

做人以诚相待，方可赢得人心，以诚为本，方能扭转乾坤。说一次真话，守一次诺言，是一件小事；撒一次谎，违一次约，也是一件小事。前面的小事是小善，后面的小事是小恶，在有些人眼里算不得什么，但就是这些小事决定了你的诚信度。勿以善小而不为，勿以恶小而为之，如果你想建立良好的诚信度，就要时刻注意。

真诚是最好的人生品牌

真诚人人渴求——渴求别人真诚地对待自己，渴求身处一个真诚的生活、工作环境当中，但我们扪心自问，有几个人真正能够做到呢？

国际函授学校丹弗分校经销商的办公室里，麦克正在应征销售员工作。经理约翰·艾兰奇先生看着眼前这位身材瘦弱，脸色苍白的年轻人，忍不住先摇了摇头。从外表看，这个年轻人显示不出特别的销售能力。约翰·艾兰奇先生在问了麦克的姓名和学历后，又问道："干过推销吗？"

"没有!"麦克答道。

"那么,现在请回答几个有关销售的问题。"约翰·艾兰奇先生开始提问:"推销员的工作目的是什么?"

"让消费者了解产品,从而心甘情愿地购买。"麦克不假思索地答道。

艾兰奇先生点点头,接着问:"你打算对推销对象怎样开始谈话?"

"'今天天气真好'或者'你的生意真不错'。"

艾兰奇先生还是只点点头。"你有什么办法把打字机推销给农场主?"

麦克稍稍思索一番,不紧不慢地回答:"抱歉,先生,我没办法把这种产品推销给农场主。"

"为什么?"

"因为农场主根本就不需要打字机。"

艾兰奇高兴地从椅子上站起来,拍拍麦克的肩膀,兴奋地说:"年轻人,很好,你通过了,我想你会出类拔萃的!"

艾兰奇心中已认定麦克将是一个出色的推销员,因为测试的最后一个问题,只有麦克的答案令他满意,以前的应征者总是胡乱编造一些办法,但实际上绝对行不通,因为谁愿意买自己根本不需要的东西呢?

许多求职的人在参加面试的时候,所犯的最大错误就是不保持本色。他们不以真面目示人,不能完全地坦诚,而给招聘者一些他以为"正确"的回答。可是这个做法一点用也没有。因为没有人愿意要伪君子,正如从来没有人愿意收假钞票一样。真诚何止适用于找工作面试,做人处事、安身立命不也是一样的道理吗?

尔虞我诈，得不偿失

在战争中，"兵不厌诈"，真真假假，虚虚实实，让敌人捉摸不透。在商场中，与某些竞争对手交往，运用此谋略，往往能取得意想不到的战果。但如果将这种伎俩运用于合作伙伴之间，却难免起反效果、得小失大。

几年前，周正毅找香港京华山国际投资公司的首席顾问刘梦熊帮助收购香港的公司，刘经过多方调查为周找到了一个拥有几亿元现金的公司"上海地产"，事成之后周正毅却赖掉了几千万元的佣金。刘梦熊对周正毅的手下说，告诉你们老板，这样没诚信，注定要完蛋。果然，周正毅因涉嫌多项犯罪锒铛入狱。

而有些富豪注重诚信，反而会有意外之得。2002年李嘉诚旗下的长虹生物科技公司要上市融资，当时长科公司全年的营业收入才几十万港元，根本就不盈利，但是股票发行时还是获得了好几倍的认购。为什么？因为香港人相信李嘉诚的信誉，相信跟着李嘉诚投资不会吃亏，"李嘉诚"三个字就是金字招牌。

有一年，李嘉诚决定在伦敦以私人方式出售他持有的香港电灯集团公司股份的10%。计划过程中，港灯即将宣布获得丰厚利润的消息，李嘉诚的得力助手马世民马上建议他暂缓出售，以便卖个好价钱，但是，李嘉诚却坚持按原计划出售。李嘉诚说，还是留些好处给买家好，将来再配售会顺利点，赚钱并不难，难的是保持良好的信誉。《远东经济评论》对此发表评论，非常精辟地说，"有三样东西对长江实业至关重要，它们是名声、名声、名声"。

李嘉诚号称"华人首富"，周正毅号称"上海首富"。李嘉诚和周正毅有很多相同的地方。李嘉诚出身小职员，周正毅出身棚户区；李嘉诚卖塑料花起家，周正毅卖馄饨起家；李嘉诚靠炒地产完成原始积累，周正毅靠炒卖烂尾楼一鸣惊人。李嘉诚和周正毅都是个人奋斗的典型，不同的是发迹之后，李嘉诚成为财富的榜样，而周正毅成为问题富豪。他们最大的不一样也可以说是李嘉诚与那些问题富豪的区别就是诚信做人！

中国人说"留得青山在，不怕没柴烧"，在资本市场上，诚信就是青山，资金就是柴，只要诚信在，不怕没资金；运用诡诈之术，不遵守承诺，欺骗他人，只是小聪明，也只会获得一时的小利，吞下的却是原罪的苦果。

失信者寸步难行

做生意当讲诚实，做人更应如此。在大千世界中，不同的人有不同的做人之道，奸诈者有之，投机者有之，轻狂者有之，骄傲者有之，但是这些人绝不能成大事，至少不能长久地成大事。

过去来西藏旅游观光的人甚为罕见，可后来游人渐渐地多了起来。个中缘由来自于一个诚信的故事：有一天，几位日本摄影师来到喜马拉雅山南麓，歇息时，便请当地一位孩子替他们买啤酒。当时经济不开放，附近没有啤酒卖，孩子跑了近4个小时路，才买到啤酒。第二天，摄影师们给了他很多钱，请他再去买10瓶啤酒。不想，等到第三天夕阳西落，那个孩子还没回来。沉不住气的摄影师开始置疑了，认为一定是那个孩子把钱骗走了。

然而，就在这天夜里，孩子拎着7瓶啤酒跟跟跄跄地回来了。原来，他在前一天卖酒的地方，只购得店里剩下的4瓶啤酒。为了信守承诺，他又翻了一座山，趟过一条河才购得另外 6 瓶，由于疲劳和夜晚山路的崎岖，返回时摔坏了 3 瓶。当孩子哭着将摔坏酒瓶的碎玻璃片，连同找回的零钱交到摄影师们手中时，在场的人无不动容。从此后，日本的游客日渐增多，继而也带动了周边其他国家的旅行者。一个孩子买啤酒的诚信故事，开始在许多外国人中广为流传，而成为当地旅游的一张名片。

古代周幽王有个宠妃叫褒姒，为博得她的一笑，昏庸的周幽王竟然视军令为儿戏，下令在都城附近 20 多座烽火台上点起烽火。众所周知，在古代战争中，烽火是边关报警的信号，只有当外敌入侵需召诸侯来救援的时候才可点燃。这下好了，宠妃看将士们手足无措的样子开心地笑了，却恼怒了率领兵将们匆忙救驾的各路诸侯们。5 年之后，西夷太戎大举攻周，周幽王再燃烽火。然而，诸侯将领们谁也不愿再上第二次当，无人应和。结果呢，幽王被逼自刎而褒姒也被敌人虏了去。周幽王自取其辱，身死国亡的故事，告诉我们国不可无诚信，人不可无诚信。诚信，是一池清澈的碧水，所有的真诚，都明明白白地都装在里面，谁不喜欢！而失信则如同被一团污泥弄脏了的池水，谁又不厌恶呢？真正的成功者是以诚实为做人之道，以诚为本，才能永远有饭吃，才能做大生意，这是人人皆知的道理，但却不是人人都能做到的。

诚信者遍游天下

一个人要想赢得别人的信任，关键在于老老实实地做人。因此我们应该从小严格要求自己不说谎话，言行一致，答应别人的事就要放在心上，努力做到，长大才能成为一个诚实守信的人。

守信可以产生巨大的力量。古代政治家商鞅就曾以守信换取民心。

商鞅的变法条令准备好后，担心民众不信，就在国都的南门立了一根木柱，张贴告示说有谁将它搬到北门，便赏黄金10两。众人看了都不相信，没有一个人去搬。于是，他又贴出告示："谁能扛去赏黄金50两。"这时，有一个人抱着试一试的想法，将这根木柱扛到了北门。没想到，他马上得到了50两黄金的赏钱。商鞅这种"言而有信"的做法，使老百姓都相信了他的变法条令。

有一个国王给孩子们每人一些花籽，叫他们去种花，当花朵盛开时，再把盆花送到王宫来。国王事先悄悄地把花籽煮过，不可能发芽了，可是到了规定的日子，孩子们都把一盆盆艳丽夺目的花儿送来，他们都是为了得到国王的奖励，换了花籽种出来的。只有一个叫宋全的孩子，双手捧的是没有鲜花的花盆。宋全凭着诚实的美德，赢得国王的赏识，得到了奖励。

孔子的学生子张问怎样才能使自己通达。孔子说："说话忠诚守信，行为笃实严谨，即使到了边远的部族国家，也能够通达。说话不忠诚守信，行为不笃实严谨，即使在本乡本土，能行得通吗？站立时仿佛看见'忠信笃实'这几个字显现在前面，坐在车中仿佛看见这几个字在辕前的横木上，能够做到这样，便能够处处通达了。"子张便把孔子的话记在束腰的大带上。

孔子的意思其实也很简单，就是要求子张把"忠信笃敬"作为座右铭"印在脑子里，溶化在血液中，落实在行动上"。做到了这一点，就可以"有理走遍天下"，做不到这一点，则"无理寸步难行"。

孔子曰："人而无信，不知其可也。"孟子有云："诚者，天之道也；思诚者，人之道也。""无信不立"、"一诺千金"、"言必信，行必果"等古训，已将诚信深深融入民族文化和民族精神的血液里。然而，一部分国人却偏离了诚信的方向，使我们的身边充斥着种种令人汗颜的不诚信行为。

然而为什么践踏"诚信"，损害"诚信"的现象会屡禁不止？

法国老太70岁时，有个律师同她订了一份契约。契约规定：老太有生之年，那律师每月付给她2500法郎的生活费；老太去世之后，她的房产归律师所有。然而，令律师意想不到的是，这生活费一付就是30年，直到律师去世，老太还健在。而律师总共付出90万法郎，就是按分期付款购房30年也足够买下三四套这样的房子。这件事本身，也许被某些人当做"贪小便宜吃大亏"的笑料，而从诚信的角度看来，这正是遵守诚信的最好典范。因为这名律师完全可以利用他的法律知识，想办法终止已经让他"吃亏"的契约，但他没有。他为了继续遵守诚信，宁愿吃亏，履行契约，直至死亡。

　　实现诺言，遵守诚信，有时可能让人失去什么，但同时也会让人得到用金钱换不来的东西——尊重。其实不仅仅是商家，我们每个人都应遵守诚信，诚信是对每位公民的基本素质要求。"诚"是对人的态度，忠诚、诚实；"信"是做人的态度，守信、信誉。诚实守信，也就是诚信。形成诚信的社会风气，既要有制度作保障，同时又需要人与人之间的以诚相待。这正是我们这个社会所需要的。

　　在一般情形下，或者说在正常的社会环境下，孔子的话当然是不错的，一个人没有忠信笃敬的品质，就会像一个玩世不恭的花花公子或所谓"嬉皮士"一样，缺乏专注、进取的精神，很可能一事无成，自然也就无所谓通达了。但在特殊的社会环境下，尤其是处于尔虞我诈的现实之中，一味地忠信笃敬，不多一个心眼，做到知己知彼，那也是很容易上当受骗，落入他人所设置的圈套之中的。

　　所以，我们一方面确实要像子张一样记住圣人的教导，把"忠信笃敬"这几个字作为我们的座右铭。但另一方面，面对复杂多变的社会现实，也要多长一个心眼，在忠信笃敬的基础上来一点通权达变，不要愚忠。这不是投机取巧，而是反映在"忠信笃敬"上的辩证法。

　　为此，孔子又说到要胸襟宽广而明察。他说："不逆诈，不亿不信，抑亦先觉者，是贤乎！"即："不预先揣度别人的欺诈，不凭空猜测别人的不诚实，却又能及早发觉欺诈与不诚实。这样的人是贤者了吧！"

不轻易去猜测揣度别人的欺诈和不诚实是胸襟宽广的表现，却又能及早发觉欺诈与不诚实是明察秋毫的睿智。能够做到这两方面，当然是贤者了，而且是大大的贤者。

从实际情况来看，太明察的人往往疑心重多忌刻，凡事都对人防一手，容易把人想得很坏，所以显得心胸不够宽广。而一般心胸宽广的人又往往把人想得太好，对人缺乏心计和防范，所以不够明察。

这两方面的矛盾在圣人的论述中被统一起来了，这当然是高标准严要求，我们一般人是望尘莫及，难以做得到的。虽不能至，心向往之。也就只有努力提高修养，争取做得好一点罢了。

是我的错，由我负责！

金无足赤，人无完人。人生在世没有人会不犯错误，有的人甚至还一错再错，既然错误无法避免，那么可怕的不是错误本身，而是不敢承担责任，错上加错。

人非圣贤，孰能无过，知错能改，善莫大焉。发现错误的时候，不要采取消极的逃避态度。而是应该想一想自己应怎样做才能最大程度地弥补过错。只要你能以正确的态度对待它，勇于承担责任，错误不仅不会成为你发展的障碍，反而会成为你向前的推动器，促使你不断地、更快地成长。任何事情都有它的两面性，错误也不例外，关键就在于你从什么样的角度去看待它，以怎样的态度去处理它。

李铭是某化工厂的财务人员。一天，他在做工资表时，给一个请病假的员工定了个全薪，忘了扣除其请假那几天的工资。于是李铭找到这名员工，告诉他下个月要把多给的钱扣除。但是这名员工说自己手头正紧，请求分期扣除，但这么做的话，李铭就必须得请示老板。

李铭认为，老板知道这件事后一定会非常不高兴的，但李铭认为这混乱的局面都是因自己造成的，他必须负起这个责任，于是他决定去老板那儿认错。

当李铭走进老板的办公室，告诉他自己犯的错误后，没想到老板竟然说这不是他的责任，而是人事部门的错误。李铭强调这是他的错误，老板又指责这是会计部门的疏忽。当李铭再次认错时，老板看着李铭说："好样的，你能在做错事情的时候主动承认，不推到别人的身上，这种勇气和决心很好。好了，现在你去把这个问题解决掉吧。"事情就这样解决了。从那以后，老板更加器重李铭了。

如果只是顾全面子，不敢承担责任的话，那最后吃亏的只能是你自己。假如你犯了错且知道免不了要承担责任，抢先一步承认自己的错误，不失为最好的方法。自己谴责自己总比让别人骂好受得多。如果勇于承认错误，并把责备的话说出来，十有八九会宽大处理。作为一个平凡的人，在办事过程中难免会犯一些错误。虽然有些人认识到了自己的错误，但没有勇气承认，或把犯错的理由归结于别的因素。只有极少数人能够站出来，勇敢地坦白，在他们看来承认错误就意味着要受到责罚，却不知道领导则认为沉默和狡辩的托辞意味着推托责任。

小彭在一家工厂任技术员。经过几年的实践锻炼，在老同志的帮助下取得了一定的成绩，并且被提拔成车间副主任，负责车间的生产技术工作。

有一次，车间的生产线发生了一些问题，产品质量也受到了影响。他看过之后，便立即断言是原料的配比不合适，认为在投放新的一家企业提供的原材料后，原有的配比必须改变。但调整之后，情况仍不见好转。此时，另一位技术人员提出了不同的见解，认为问题的症结并不是新的原料或原料配比不合适，而在于设备本身的问题。对此，小彭从内心觉得技术员的看法很合理，但是，他觉得自己是负责全车间技术与工艺的领导，如今自己的判断出现了失误，就必须承担一定的责任。

为了避免责任，他一方面继续坚持自己的看法，另一方面也布置专人对设备进行必要的维修和调整。但是由于贻误了时机，问题最终还是爆发了，给公司造成了巨大损失。小彭在羞愧之中提出辞职。

有很多人对工作中出现的一些小问题不愿深究，他们的观点是：如果我所犯的错误性质十分严重，我一定会承认的；如果是芝麻大的一点小错，那么根本没必要认真计较。如果你也是这样看待错误的，那就大错特错了。工作无小事，更无小错，1%的错误往往就会带来100%的失败。

面对犯错的最佳对策便是自己的责任就要全力承担，一定不能推卸，要诚恳地承认错误，并积极地寻求补救的办法。如果不是由于自己的过失造成的，也不要急于替自己辩白，应首先着眼于公司的利益，等事情得到了妥善处理，事情的真相自然会浮出水面。如果你确实被误会了，你的同事和上司也会在事实中看到，还你一个清白。你一定要相信，只有敢于承担责任的人，才有可能做成大事。

赢家不怕犯错，只怕因为怕犯错而不敢承担。有的人成功了，只因为他们敢于承担责任并吸取教训。遇到问题不要畏惧，要勇敢地去面对，只有抱有这种想法的人才不会永远与失败相伴。

别为过错找借口

美国西点军校建校以来奉行的最重要的行为准则就是"没有任何借口"。它要求每一位学员必须尽全力去完成任何一项任务，而不是因为没有完成任务而去寻找任何借口，哪怕是看似合理的借口。

人生在世，孰能无过。从你出生时起，你就在与周围的世界产生积极的互动。环境对你产生影响，但是你往往更会对周围的事物产生影响。所以，你就应该为自己的行为负责。你作出决定，就理应承受相应的责备与赞扬。如果你真的有责任，就应该接受别人的责备。如果你辜负了同事的信任，继而若无其事地对他们撒谎，你们之间的关系就会遭到毁灭性的破坏。为了免受应得的责备，有些人会掩盖真相、敷衍搪塞、编造借口、无中生有、言不对题或者真真假假，闪烁其辞。这些欺骗伎俩并非总能奏效，但是其目的却已昭然若揭：不过是想方设法逃避谴责与惩罚罢了。

有一个故事，讲述了一个年仅11岁的少年，把足球踢到一家商店的窗口上，砸碎了玻璃。商店老板找到少年的父亲，要求赔偿损失。父亲赔了钱之后，却把账记到了儿子的头上。他认真地对儿子说："玻璃窗是你弄破的，你应该负起赔偿的责任。我现在先帮你垫上，你要利用假期的时间打工，把这笔钱还给我。"结果，少年干了整整一个暑期的活儿，才还清了这笔钱，共计15美元。这个少年就是后来的美国总统里根。当了总统以后，里根还常常提起少年时的这件小事，觉得是父亲教他学会做个负责任的人，这使他一生受益无穷。没有父亲的教诲，他可能会变成另一个样子。

美国成功学家格兰特纳说过这样一段话：如果你有自己系鞋带的能力，你就有上天摘星星的机会！一个人对待生活、工作的态度是决定他能否做好事情的关键。很多人在生活中寻找各种各样的借口来为自己的错误开脱，并养成习惯，这是很危险的。

愿意对自己的人生负责，不仅是一种美德，还是每个人都必备的基本品质，更是一个人成熟起来的标志，是任何人从平凡走向优秀的第一步。人总是会慢慢长大，身边的亲人、朋友、老师会告诉我们怎样生活，怎样做人。但任何行动的落实者都只能是我们自己。

无论什么工作，都需要这种不找任何借口去执行的人。对我们而言，无论做什么事情，都要记住自己的责任，无论在什么样的工作岗位上，都要对自己的工作负责。不要用任何借口来为自己开脱或搪塞，完美的执行是不需要任何借口的。假如我们能够养成拒绝借口更敢于决定的习惯，那么在需要决断时一定能运用最聪明的判断力，而我们的工作也会越来越出色！

不寻找借口，就是敢于承担责任；不寻找借口，就是永不放弃；不寻找借口，就是锐意进取。让我们永远记住：无论什么时候，都别找任何借口！

错而不改，是谓过矣！

佛教非常注重"认错"的美德，所谓"不怕念头起，只怕觉照迟"、"放下屠刀，立地成佛"。人，不怕犯错，就怕没有认错的勇气。勇于认错的人，大多容易进步；而死不认错的人，只能在原地踏步，甚至更加十足堕落，殊为可叹！

有一位名人曾经说过："人们敢于在大众面前坚持真理，但往往缺乏勇气在大众面前承认错误。"有些人一旦犯了错误，总是列出一万个理由来掩盖自己的错误，这无非是"面子"在作怪，他们以为一旦承认自己的错误，就伤了自尊，丢了个人面子。这种想法，无异于在制造更多的错误，来保护第一个错误，真可谓错上加错。

刘兵是一家建筑公司的工程估价部主任，专门估算各项工程所需的价款。有一次，他的一项结算被一个核算员发现估算错了2万元。老板便把他找来，指出他算错的地方，请他拿回去更正，并希望他以后在工作中细心一点。

刘兵不肯认错，也不愿接受批评，反而大发雷霆。他责怪那个核算员没有权力复核他的估算，没有权力越级报告。

老板见他既不肯接受批评，又认识不到自己的错误，本想发作一番，但因念他平时工作成绩不错，便和蔼地对他说："这次就算了，以后要注意了。"

过了一段时间以后，刘兵又有一个估算项目被那名核算员查出错误，这次他又像前次那样态度恶劣得很，并且还说是那名核算员有意跟他过不去，故意找他的岔子。等他请别的专家重新核算了一下，才发现自己确实错了。

这时老板已经忍无可忍了："你现在就另谋高就吧。我不能让一个永远都不知承认自己错误的人来损害公司的利益。"

一个人对待错误的态度可以直接反映出他的敬业精神和道德品行，敢于承认错误可以使人更伟大，而不肯认错的人则迟早要被公司清除出去。

工作中，"最大的失败，就是明知自己错了却不肯承认错。"如果你认识不到这一点，那你只能在失败的泥潭里越陷越深。

承认错误，需要勇气；能够勇于认错，才有机会重新做人。西晋时代的周处，少时横行乡里，成为父老口中的"三害"之一。后来发愤认错改过，不但为地方除害，而且从军报国，完全改写了自己的人生，成为悔过向善的典范。可见一个人惟有"勇于认错"，才能获得大家的谅解，才有重新出发的机会。

"认错"没有大小之分，认错要能坦诚，是否真心能改，就在于我们是否具有"勇气"。历代"下诏罪己"的帝王，反而更增贤名；美国总统罗斯福在纽约市长任内，曾经当众坦承自己因一时不察通过议案，结果赢得更多人的尊敬；三世纪前统一全印度的阿育王向一个小沙弥赔罪，自古以来，没有人耻笑阿育王以九五之尊礼拜道歉，反而同声赞美他"勇于认错"的美德。所以，"认错"不但不会失去自己的身份，反而能赢得更多的尊重。反看一些丧心病狂的战争狂人，往往死不认错，

诚实负责的想法，会令你备受信任

最终成了大输家而抱憾终身。认错，实在是一门很高的人生哲学，值得世人深思。

以负责的态度挽救形象

一个人做事不可能一辈子一帆风顺，就算没有大失败，也会有小失败。而每个人面对失败的态度也都不一样，有些人不把失败当一回事，他们认为"胜败乃兵家之常事"；也有人拼命为自己的失败找借口，告诉自己，也告诉别人：他的失败是因为别人扯了后腿、家人不帮忙，或是身体不好、不景气等。总之，他们可以找出一大堆的借口。

一个人做错了一件事，最好的办法就是老老实实认错，而不是去为自己辩护和开脱。日本最著名的首相伊藤博文的人生座右铭就是"永不向人讲'因为'"。这是一种做人的美德，也是一个为人处世、办事做事的最高深的学问。

一个人犯了错误并不可怕，怕的是不承认错误，不弥补错误。

有一个毕业于名牌大学的工程师，有学识，有经验，但犯错后总是自我辩解。工程师应聘到一家工厂时，厂长对他很信赖，事事让他放手去干。结果，却发生了多次失败，而每次失败都是工程师的错，可工程师都有一条或数条理由为自己辩解，说得头头是道。因为厂长并不懂技术，常被工程师驳得无言以对，理屈词穷。厂长看到工程师不肯承认自己的错误，反而推脱责任，心里很是恼火，只好让工程师卷铺盖走人。

这种人正是认为犯了错误有失自尊，面子上过不去而害怕承担，但最终却受到惩罚。日本著名企业家松下幸之助说："偶尔犯了错误无可厚非，但从处理错误的态度上，我们可以看清楚一个人。"那些能够正确认识自己的错误，并及时改正错误以补救的人才能受到他人的尊敬。

勇于承认错误，你给人的印象不但不会受到损失，反而会使人信任你，你给周围人的形象反而会高大起来。

美国前国防部长麦克纳马拉被称为"越战的总设计师"，在冷战时期名噪一时，但其在越战期间的表现也最具争议。

从1961年至1963年肯尼迪遇刺身亡时，美国驻越军人从几百人增至1万多人。1964年，麦克纳马拉更是以越南军队舰艇在东京湾向美舰开火为由，推动美国国会通过了《东京湾议案》，授权林登·约翰逊总统全面升级越战。到1968年麦克纳马拉离开国防部长职位时，美国向越南派兵总计超过50万人。

他主导发动的越南战争，却是美国历史上最蚀本、效率最低的战争——越战以美军阵亡5.8万多人，1975年黯然撤离越南而告终，成为美国历史上"最失败的冒险"和"惟一输掉的战争"。刻薄的媒体和研究人员甚至以"麦克纳马拉的战争"来代指越战。

对此，麦克纳马拉一直保持着沉默。直到上世纪90年代，才公开反思越战的心得。其中最为著名的，无疑是《回顾：越战的悲剧与教训》一书，在这本当时全美第一畅销书中，麦克纳马拉给出了11条反思与"忏悔"。而1994年在接受媒体采访时，已经78岁高龄的麦克纳马拉终于道出了积郁心中许久的心声："我们错了。我们错得很厉害。"

对于麦克纳马拉的反思，和他同在肯尼迪和约翰逊政府共事过的一位同僚有过如此评价："大部分总统、军事指挥官和内阁成员永远都不会承认错误。至少他有勇气面对事实，承认他的错误并且说明他为什么错了。我们都可以从中学到很多宝贵的东西。"

其实，犯错误并不可怕，关键是我们能否有勇气去承担责任，在二战问题上，百般抵赖的日本政府使自己的形象愈发渺小，而为死难者下跪的德国总理却使德国人重新站了起来。抵赖或者坦认，谁更高明，不言而喻。

负荆请罪，转"危"为安

　　人再聪明，考虑事情也会有不周的时候，有时出于情绪的影响，也会无可避免地犯错。但犯错并不可怕，只是知错之后怎样去对待自己的过失才是关键，有的时候你会要面子，而不敢承担责任，只是想方设法地去掩盖自己所犯下的错误，这样的结果很可能使别人对你失去信心。

　　李嘉诚当年在生产塑胶花时，由于急取冒进，忽视了产品质量，从而导致产品堆积如山。他深为自己的盲目冒进而痛心疾首，经过一番痛苦的思索之后，决心以坦诚面对现实，力挽狂澜。

　　李嘉诚采取的第一个步骤是"负荆请罪"。

　　那天清晨，他回到厂里时，工厂仍然处于愁云惨雾之中，他立即召集员工开会，坦诚地承认了自己的经营错误，承认是自己的失误拖垮了工厂，损害了工厂的信誉，还连累了员工。

　　李嘉诚向这些天被他无端训斥的员工赔礼道歉，并真诚地表示，待经营状况一有转机，被辞退的员工如果愿意，都可以回来上班。从今以后，保证与员工同舟共济，绝不以损害员工的利益来保全自己，并希望大家原谅自己，齐心协力共渡难关。

　　李嘉诚的话收到了一定效果，大家不再忧心忡忡，忐忑不安，士气也不那么低落了。

　　紧接着，他一一拜访银行、原料商、客户，向他们认错道歉，祈求原谅，并保证在放宽的限期内一定偿还欠款，对该赔偿的罚款，一定如数付账。

　　李嘉诚诚实的道歉得到他们中的大多数人的谅解，他们都是业务伙伴，长江塑胶厂倒闭，对他们同样不利。

后来长江塑胶厂出现转机，产销渐入佳境。

那次风波过后，李嘉诚一直感到后怕。他想，如果当初他凭着年轻气盛死不认错的话，也许就从此没有再站起来的机会了。

其实不仅是年轻人，所有的人犯了错，一般都会有两种可能的反应：一种是死不认错，而且还极力辩白，这是可以理解的，因为这是人求生存的本能，怕认了错饭碗就保不住；另一种反应是坦白认错。

第一种反应的好处是不用承担错误的后果，就算要承担，也因为把其他人也拖下水而分散了责任，这就是为什么有人证据明明摆在眼前，还死不认错的原因。此外，如果躲得过，也可避免别人对你的形象及能力的怀疑。可是，李嘉诚并不认为这是上策，因为死不认错的坏处比好处多得多。

姑且不论犯错所需承担的责任，不认错和狡辩对自己的形象就是很大的破坏性，因为不管你口才如何好，有多么狡猾，你的逃避错误换得的必是"敢做不敢当"之类的评语！这以后，人们不敢信任你，别的企业也会拒绝和你合作。而最重要的是，不敢承认错误会成为一种习惯，也使自己丧失面对错误、解决问题和培养解决问题能力的机会。所以，不认错的弊大于利。

那么诚实认错呢？有的人可能会说，诚实认错，那不是要立即付出代价、独吞苦果吗？有时候碰到没有肚量的人，的确会如此，但绝大多数的人都会"高抬贵手"，人家都认错了，那就"得饶人处且饶人"吧！而且在心理上，你认错，对方受到尊重，更容易放你一马。由此可见，坦诚认错的后果并不如想象中那么严重。

诚实认错还有间接的好处，例如：

（1）为自己塑造了"勇于承担"的形象。人们会欣赏、接受你的作为，因为你把责任扛了下来，不会委过于他人，他们感到放心，自然尊敬你，也乐于跟你合作，更乐于替你传播你的形象。

（2）可借此磨炼自己面对错误的勇气和解决错误的能力。因为你不可能一辈子做事零缺点，趁早培养这种能力，对你的未来大有好处。

（3）你的认错如果真的招来对方的责骂，那么正可塑造你的弱者形象，弱者往往引人同情，也能引来助力的，你会因此而获得不少人心。而且大部分的人在骂过之后，都会不忍心，就算要处罚你，也不会下手太重。人同此心，心同此理！

所以，认识到错误，不妨坦诚承认，大方的风度会给人留下好的印象，而死不认错，只会让他人看低你的人品，从而离你远远的。

勤奋务实的想法，会助你"功到自然成"

人生想要有所收获，就是要有勤勉实干的精神，一分辛苦一分收获，只有脚踏实地，厚积薄发，才能后劲十足。一味地靠走捷径与投机取巧是成不了大事的。虽然当今社会上一夜暴富的例子屡见不鲜，但这些成功者在富裕之前，默默耕耘的辛劳又有几个人看到呢？他们的成功也是靠一步一个扎实的脚印走出来的。

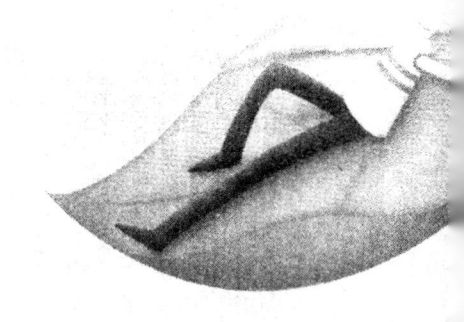

人间自有公道，付出才有回报

　　把成功想得很容易的人是不肯付出辛苦干事的。但天才出于勤奋，一个人若想有所作为，就必须肯吃苦、能吃苦、吃得苦，世上没有不付出就得到的好事，成功者之所以能够"鹤立鸡群"，就是因为他们掌握了勤奋的法宝。

　　天下没有不劳而获的事，只有勤奋耕耘才有好收获。哪个人的成功没有辛勤耕耘的身影？虽然辛勤耕耘不一定会有好收获，但不耕耘就一定毫无收获。

　　"天才在于积累，聪明在于勤奋。"这是华罗庚教授最喜欢的一句格言。他虽然聪明过人，但从不提及自己的天分，而把比聪明重要得多的"勤奋"与"积累"作为成功的钥匙，反复教育自己的学生，要他们学数学要做到"拳不离手，曲不离口"，经常锻炼自己。而华罗庚教授自己的经历就是"勤奋出天才"的最佳范例。

　　著名的数学家华罗庚先生生于江苏省金坛县一个贫苦家庭，只念过初中，20岁时左腿因病致残。但他不畏艰难，勤奋自学，终于走进了金碧辉煌的数学殿堂，被国际数学界公认为世界"绝对第一流的数学家"。

　　1929年对于华罗庚来说，是生命旅程中最不寻常的年头。这年他在金坛县中学当会计兼做数学教员，又娶了秀丽端庄、勤劳贤惠的妻子吴筱元，全家人沉浸在欢乐之中。谁料想，厄运也在这时悄悄地向华罗庚逼近。

　　这一年，金坛县瘟疫流行。华罗庚也不幸染病，几度垂危，幸亏妻子精心照料才逐渐好转，但由于伤寒病菌侵袭了他的关节，左腿关节粘连变形，弯曲了。年纪轻轻的华罗庚，就这样成了瘸子。

他拄着妻子为他找来的一根拐杖，迈着按他自己说是"圆和切线的运动"的艰难步履，开始了新的也是更漫长、更艰辛的人生之路。

病后的华罗庚，从妻子愁苦的面容、女儿饥饿的啼哭中，察觉出了家计的窘迫。于是，他拖着瘦骨嶙峋的身子，重新回到学校授课。然而，屋漏偏逢连天雨。不久竟有人向教育局告状，说校长任用没有学历的华罗庚做教员是个错误。校长为此愤然辞职离去，华罗庚的教员自然也做不成了。好在新校长是位很通达的人，继续让他留在学校做会计。华罗庚一如既往，白天勤奋工作，晚上不顾残腿钻心的疼痛，在昏黄的灯光下遨游于数学的王国中，决心用"健全的头脑，代替不健全的双腿"。

功夫不负苦心人，1930年的一天，华罗庚收到上海寄来的刚刚出版的《科学》杂志第15卷第2期。他急忙用颤抖的双手翻开，《苏家驹之代数的五次方程式解法不能成立之理由》的大标题和"华罗庚"三个字赫然映进他的眼帘，顿时他热泪盈眶。这是他病前写的一篇论文，也正是他第一次发表的这篇论文，对他的命运产生了重要影响。不久，清华大学数学系主任熊庆来教授看到了这篇论文，如获至宝，立即四处寻问作者的身世经历。

1932年秋天，华罗庚应邀来到清华大学数学系，当上了数学系的助理员。从此，华罗庚如鱼得水，更加勤奋。后来华罗庚又经历了两次磨难，但他都凭着一股勤奋、努力、执著的精神，坚强地挺了过去。靠着勤奋，华罗庚从一个只有初中文化的青年成长为一代数学大师、教育家，所写名著《堆垒素数论》成为20世纪数学论著的经典。连爱因斯坦也写信说："你此一发现，为今后数学界开了一个重要的源头。"华罗庚已经被芝加哥科学技术博物馆列为当今世界88个数学伟人之一。

辉煌来自于耕耘，有一分劳动就有一分收获，日积月累，从少到多，奇迹就可以创造出来。华罗庚只有初中的文化，最后却成长为第一流的数学家，可以想象得到，在这辉煌的光圈背后，华罗庚付出了多少辛苦。勤出成果、出智能，无数实践证明：惟有勤奋者才能得到成功。

可以说华罗庚之所以能成为第一流的数学家，就在于他比常人花更多的时间去学习。学习的时间越长，下的功夫越深，所学的也就愈精。华罗庚不是天才，只是他用勤奋换来了天才的称号。

人并非生下来就是成功者，所有的成功都是努力的结果，天才也需要后天的磨炼。生命需要辛勤的汗水来浇灌，勤奋可以换来累累硕果。对于一桩成功的事情来说，勤奋的功用是有些默默无闻，太平实了，但它就像大厦的桩基，潜隐而又重要，无声无息地驮起伟岸的形象和耀眼的华丽。世人往往肤浅和势利，总是赞美伟岸，簇拥华丽，却将平实忘却。

胡适先生说过："用血汗苦功到了九十九分时，也许有一分的灵巧新花样出来，那就是创作了。颓废慵懒的人，痴待'灵感'而来，是终无所成的。"可见，勤奋虽不是绝对成功的法宝，但也是走向成功最平实的大路。中国有句俗话"一勤天下无难事"，只要你肯付出辛苦，只要你愿意不断刻苦学习，成功的大门就会向你敞开。

剔除你的懒筋

我们都知道，懒惰是人的一种本性，是与生俱来的，也是人人都有的。但是在现实生活中，为什么还是勤劳的人居多呢？因为勤劳的人都知道：只有挺住懒惰的诱惑，才能用勤奋浇灌出成功的花朵。

懒惰是一种心理上的厌倦情绪，它的表现形式有很多种。比如说你不肯做那些辛苦却对自己有益的事情；怕累而不从事体育活动锻炼身体；虽然对自己的发展有想法却不愿动手去做；日常起居极无规律，无要求，不讲卫生；常常迟到、逃避责任且不以为然……都是懒惰的表现。而引起懒惰的因素也很多，比如说生气、羞怯、嫉妒、嫌恶等都会引起懒惰，使人无法按照自己的愿望进行活动。

面对这种懒惰行为，有的人浑浑噩噩，意识不到这是懒惰；有的人寄希望于明日，总是幻想美好的未来；而更多的人虽极想克服这种行为，但往往不知道如何下手，因而得过且过，日复一日，因为他们知道，惟有克服了懒惰的行为，自己的事业才能成功。

说起懒惰的故事有很多，比如说我们经常说的"懒媳妇"就是其中一个：

某人娶了个懒媳妇，一次要外出数日，他给媳妇准备了大饼若干，怕其懒，故而将饼套在她脖子上，回来以后媳妇还是饿死了。原来她只将前面的饼吃了，而脖子后面的却没动。

而关于勤奋的故事，那就更多了，比如说我们常说的"悬梁刺股"和"凿壁偷光"的故事就是其中两个比较典型的：

战国时期，有一个人名叫苏秦，也是出名的政治家。在年轻时，由于学问不多不深，曾到好多地方做事，都不受重视。回家后，家人对他也很冷淡，瞧不起他。这对他的刺激很大。所以，他下定决心，发奋读书。他常常读书到深夜，由于很疲倦，常打盹，直想睡觉。他便想出了一个方法：准备一把锥子，一打瞌睡，就用锥子往自己的大腿上刺一下。这样，猛然间感到疼痛，使自己清醒起来，再坚持读书，这就是苏秦"刺股"的故事。

西汉时有一个大学问家名叫匡衡。他小时候就非常喜欢读书，可是家里很穷，买不起蜡烛，一到晚上就没有办法看书，他常为此事发愁。这天晚上，匡衡无意中发现自家的墙壁似乎有一些亮光，他起床一看，原来是墙壁裂了缝，邻居家的烛火从裂缝处透了过来。匡衡看后，立刻想出了一个办法：他找来一把凿子，将墙壁裂缝处凿出一个小孔。立刻，一道烛光射了过来，匡衡就着这道烛光，认真地看起书来。以后的每天晚上，匡衡都会靠着墙壁，借着邻居的烛光读书。由于他从小勤奋好学，后来匡衡成了一名知识渊博的经学大师。

从上面几个故事中，我们就能看到懒惰的人和勤奋的人有着不同的人生。懒惰的人常难有出息；而勤奋的人则用自己的努力打通成功的通道，成为他人学习的榜样。

说到懒惰，谁都知道这是一个非常不好的习惯，谁都想让自己远离这个坏毛病，让自己变得勤奋一点，让自己的生活变得更充实一点。那么现在就开始从难度小或者自己爱干的事情开始，给自己定些小目标争取完成，用工作挤压懒惰的时间，一点一滴地培养勤劳的作风。

只要你这样坚持努力一段时间，你将发现自己很少会因做了或者不做某件事而感到遗憾。你还会发现，以坚强的毅力、乐观的情绪，脚踏实地地实践着由易到难、不断更换目标的过程，是我们每一个人都可以做到的。克服懒惰，正如克服任何一种坏毛病一样，是件很困难的事情。但是只要你决心与懒惰分手，在实际的生活学习中持之以恒。那么，灿烂的未来就是属于你的！

莫让懒惰占有你

懒惰的习惯让人一事无成，让人总是等待机遇而不是主动追求，有了行动也主动放弃；懒惰的习惯令人厌倦几乎所有的事情，对任何的事情都不感兴趣，也没有任何的动力；懒惰使人总是浑浑噩噩，不知道自己要干什么，庸庸碌碌度过自己的一生。

米哈伊·德·蒙田曾说过："非凡的才华，也会被懒惰扼杀。"有一个人活到二十几岁就死了。阎王在生死簿上发现这个人应该有1000两黄金的财运，并且可以活到60岁。到底是什么原因改变了他的命运，吞噬了他的财富呢？阎王感到很奇怪，于是就去调查此事。

阎王叫来财神。财神说："我看这个人的文学天赋不错，写文章一定会成名，所以就把1000两黄金交给了文曲星。"

阎王叫来文曲星。文曲星说："这个人虽然文学天赋不错，但武略的潜能更好，我就把1000两黄金交给了武曲星。"

于是阎王又叫来武曲星。武曲星说："这个人文才和武略都不错，但实在是太懒了，我不知道怎样让他拿到这 1000 两黄金，只好把黄金交给了土地公。"

阎王再宣土地公。土地公说："此人懒得出奇，我怕他拿不到黄金，就把黄金埋在他家的庭院里，他只要去庭院里挖上一锄头就能挖到黄金，可是他从来就没有挖过，活活地饿死了。"

阎王听完汇报，说了声活该，就把 1000 两黄金充公了。

贫穷不是罪，但因懒惰而导致贫穷则是一种罪。懒惰让我们失去目标，失去热情、失去机会，即使是天赐良机摆在我们身边，我们也对它视而不见。这样懒惰的人，怎么可能把握住美丽的人生呢？

达·芬奇曾经说过："勤劳一日，可得一夜安眠；勤劳一生，可得幸福长眠。"如果一个人懒惰一天，那便是浪费了一天的光阴，可能浪费了一个绝佳的成功机会；如果一个人懒惰一生，那就是毁了自己的人生，让自己带着失败的烙印走向死亡。

每个人都有允许自己偷懒的时候，但是成功者与失败者的区别在于对待偷懒行为的不同方式。成功者在心里有一个目标，也有一条准则，准则督促着自己不要懒惰，要向目标不断迈进。而失败者则放纵自己懒惰，并任由懒惰成为一种习惯，仿佛在享受一种闲适，其实是在虚度自己的人生。克雷洛夫告诉我们：恶劳好逸，人之常情。正因为这是人之常情，人才需要不断鞭策自己。

或许有的人会说，自己天赋不错，比起其他人来说有懒惰的资本。别人忙碌一周的工作我只需要一天就通通搞定。但是如果你仅仅将标准放在那些天赋不如你的人身上，总有一天，他们也将超过你。因为你变成了龟兔赛跑故事里那只空有一身本事却傻乎乎地睡了懒觉的兔子。

张溥，是明朝有名的才子，小时候的他天资较差，常常过目即忘，自己对未来也没有信心，但有一次，他在读书过程中偶尔发现"读书百遍其义自见"的一句话给了他很大的启发。他心想：人家读一篇文章，有个七八遍就能够背诵了，而我读了一二十遍却还只能断断续续地背个大概。或许因为我记性不好，这差异不能不承认，可是，我再怎么笨，只要多背几遍，保证每篇文章都读一百遍，不也就能行了吗？从此，他就开始这么做了起来。如此坚持苦读了一段时间，他终于能连贯地背出文章来了，这使得他异常高兴。

之后，通过长时间地观察日常刻苦学习的效果，张溥又发现手抄背诵能帮助记忆，他就读书必手抄，读后又随即焚去，再抄，再读，再焚，如此重复六七次方休。后来，他把这种读书方法称为"七录"；他把读书的屋子也取名为"七录书斋"。

原来天资较差、记性不好的张溥，靠着这种读书"七录"的扎实功夫，终于获得了渊博的学识，成了著名的文学家。他著书立说，思路敏捷，文笔流畅，内容深邃，颇得众人的好评。

爱因斯坦说过："在天才和勤奋之间，我毫不迟疑地选择勤奋，它几乎是世界上一切成就的催生婆。"懒惰足以让所有的优势损失殆尽，而勤奋则能弥补先天的不足。才能一旦被懒惰所支配，它就一无可为了。所以，千万不要让懒惰支配你，一时的偷懒能让人轻松，心情和身体都能得到解脱，但当懒惰成为一种习惯，那就成了一种腐蚀生命和才能的毒药，让你永远也无法靠近成功的彼岸。只能停留在原地兜圈子，甚至还有倒退几十年的危险。

克服懒惰，正如克服任何一种坏毛病一样，是一件很困难的事情。但是只要你决心与懒惰分手，持之以恒，那么，还有什么是做不到的呢？像富兰克林所说的，懒惰会使铁块生锈，而钥匙却总是闪闪发光。

一步步地往前走

我们当中总不乏有些人在做事前先要费尽心思地盘算能不能偷工减料，能不能找到解决问题的小窍门、小技巧，甚至不惜损害他人的利益来达到自己的目的。这些人总以为自己很聪明，可事实证明，越是自作聪明的人，越是"聪明反被聪明误"。

人若有些小聪明是好事，但是我们不应当将所有的希望，将事物的成败都寄予我们的"小聪明"上，更多的时候，我们需要的是脚踏实地地去做，去努力，而不是依靠投机取巧。

世界上最伟大的哲学家之一柏拉图正和他的学生走在马路上。这名学生是柏拉图的得意弟子之一。他很聪明，总是能在很短的时间之内领会老师的意思；他很有潜力，总是能提出一些具有独特视角的问题；他也很有理想，一直希望自己能够成为像老师一样伟大，甚至比老师还要博学的哲学家。所以他常常自视聪慧，不愿意在学识上多下功夫，自认为聪明能敌过他人的努力。

但是柏拉图认为他还需要生活的历练，还需要更加刻苦。柏拉图曾经语重心长地对这名学生说过一句话："人的生活必须要有伟大理想的指引，但是仅有伟大的理想而不愿意脚踏实地，一步一个脚印地朝着理想奋进，那也就不能称为完美的生活。"

这名学生知道老师是在教导自己要脚踏实地，但他认为自己比别人聪明，总能用一些技巧轻易地解决问题，自己的理想也比别人的更加伟大，所以只要自己想做的，总能轻易地取得成功。

柏拉图也相信这名学生能够做出一番大事业，但是他却只看到大目标而不顾脚下道路的坎坷以及自身的缺点。柏拉图一直想找一个合适的机会让学生自己意识到他的这一缺点。一天，柏拉图看到他们前面的不远处有一个很大的土坑，这个土坑周围还有一些杂草，平常人们只要稍加注意就可以绕过这个土坑，但柏拉图知道他的学生在赶路时经常不注意脚下。于是，他指着远处的一个路标对学生说："这就是我们今天行走的目标，我们两个人今天进行一次行走比赛如何？"学生欣然答应，然后他们就开始出发了。

学生正值青春年少，他步履轻盈，很快就走到了老师的前面，柏拉图则在后面不紧不慢地跟着。柏拉图看到，学生已经与那个土坑近在咫尺了，他提醒学生"注意脚下的路"，而学生却笑嘻嘻地说："老师，我想您应该提高您的速度了，您难道没看到我比您更接近那个目标了吗？"

　　他的话音刚落，柏拉图就听到了"啊！"的一声叫喊——学生已经掉进了土坑里，这个土坑虽然没有让人受重伤的危险，但是它却足以使掉下去的人无法独自上来。

　　学生现在只能在土坑里等着老师过来帮他了，柏拉图走过来了，他并没有急着去拉学生，而是意味深长地说："你现在还能看到前面的路标吗？根据你的判断，你说现在我们谁能更快地到达目的地呢？"

　　聪明的学生已经完全领会了老师的意思，他满脸羞愧地说："我只顾着远处的目标，却没走好脚下的每一步路，看来还是不如老师呀！"

　　一个人拥有智慧的头脑是值得骄傲的，但是聪明并不代表着一切，聪明是天赋，是先天的优势，但是成功却等于1%的天赋加上99%的汗水。倘若你比他人有天赋，那也并不代表着成功，如果仅仅想要依靠聪明天赋来成就一番事业，而不愿意脚踏实地、勤奋努力地做事，那即使有再高的天赋也是无用的，因为成功还必须有付出和努力。

一屋不扫何以扫天下

　　大事干不了，小事又不愿干，很多心高气傲的年轻人都是这样，到头来，小的错过了，大的也只能眼睁睁地看着成为他人的囊中之物。归根到底，是因为这些人不明白，小至个人，大到一个公司、企业，它们的成功发展，都是来源于平凡工作的积累。因此不要看轻任何一项工作，没有人可以是一步登天的。当我们认真对待并做每一件事时，我们会发现自己的人生之路越来越广，成功的机遇也会接踵而来。

　　人如果能一心一意地做事，世间就没有做不好的事。这里所讲的事，有大事，也有小事，所谓大事与小事，只是相对而言。很多时候，小事不一定就真的小，大事不一定就真的大，大事小事可能很有关联，小事积成大事，关键在做事者的认识能力。某些一心想做大事的人，常常对小事嗤之以鼻，不屑一顾，其实连小事都做不好的人，大事也是很难成功的。

先哲们常教我们"勿以善小而不为，勿以恶小而为之"。这是因为先哲们明白："小事正可于细微处见精神。有做小事的精神，就能产生做大事的气魄。"不要小看做小事，不要讨厌做小事。只要有益于工作，有益于事业，人人都从小事做起、用小事堆砌起来的事业大厦就是坚固的，用小事堆砌起来的工作长城就是强硬的。

有位女大学生，毕业后到一家公司上班，只被安排做一些非常琐碎而单调的工作，比如早上打扫卫生，中午预订盒饭。一段时间后，女大学生便辞职不干了。她认为，凭她的学历，不应该蜷缩在厨房里，而该干更重要的事。可是一屋不扫，何以扫天下？一个普通的职员，即使有很好的见解，通常被重用前也要有一段让人认识你的时间。

一般人都不愿意做小事，但成功者与一般人最大的不同，就是他愿意做别人不乐意做的小事情。懂得成大事要从小事做起、要当经理就得从扫地开始的道理。只要我们每件事都多做一点，每一件别人不愿意做的小事，我们都自愿地去多做一点，我们的成功率一定会高于那些摆空架子的人。

美国标准石油公司曾经有一位小职员叫阿基勃特。他在出差住旅馆的时候，总是在自己签名的下方，写上"每桶4美元的标准石油"字样，在书信及收据上也不例外，签了名，就一定写上那几个字。他因此被同事叫做"每桶4美元"，而他的真名倒没有人叫了。

公司董事长洛克菲勒知道这件事后说："竟有如此努力宣扬公司声誉的职员，我要见见他。"于是，洛克菲勒邀请阿基勃特共进晚餐。后来，洛克菲勒卸任，阿基勃特成了第二任董事长。

也许，在我们大多数人的眼中，阿基勃特签名的时候署上"每桶4美元的标准石油"，这实在是小事一件，甚至有人会嘲笑他。可是这件小事，阿基勃特却做了，并坚持把这件小事做到了极致。那些嘲笑他的人中，肯定有不少人的才华、能力在他之上，可是最后，他却升任为了董事长。可见，任何人在取得成就之前，都需要花费很多的时间去努力，不断做好各种小事，才会达到既定的目标。

一个人的成功，有时纯属偶然，可是，谁又敢说，那不是一种必然呢？恰科是法国银行大王，每当他向年轻人谈论起自己的过去时，他的经历常会唤起闻者深深的思索。人们在羡慕他的机遇的同时，也感受到了一个银行家身上散发出来的特质。

还在读书期间，恰科就有志于在银行界谋职，但接二连三地碰壁。有一天，恰科来到一家银行，"不知天高地厚"地直接找到了董事长，希望董事长能雇用他。然而，他刚与董事长一见面，就被拒绝了。对恰科来说，这已是第52次遭到拒绝了。当恰科失魂落魄地走出银行时，看见银行大门前的地面上有一根大头针，他弯腰把大头针拾了起来，以免伤到路人。

回到家里，恰科仰卧在床上，望着天花板直发愣，心想命运为何对他如此不公平，连让他试一试的机会也没给，在沮丧和忧伤中，他睡着了。第二天，恰科又准备出门求职，邮递员送来一封信，他拆开一看，正是银行的录用通知。恰科欣喜若狂，甚至有些怀疑这是否在做梦。

原来，昨天就在恰科蹲下身子去拾大头针时，被董事长在楼上看见。董事长认为如此精细谨慎的人，很适合当银行职员，所以，改变主意决定雇用他。正因为恰科是一个对一根针也不会粗心大意的人，因此他才得以在法国银行界平步青云，终于有了功成名就的一天。

于细微处可见不凡，于瞬间可见永恒，上面说的都是一些"举手之劳"的事情，但不一定人人都愿意"举手"，或者有人偶尔为之却不能持之以恒。

"千里之行，始于足下。"我们应该把从小事做起养成一种习惯。不积跬步，无以致千里；不积小流，无以成江海。不执著于小事是一种远大的抱负，因看不起而不去做小事就是一种无知了。

"机关算尽太聪明，反误了卿卿性命"

聪明并不代表智慧。很多人在不同的方面都有些小聪明，但却难以成为一个有大智慧的人。一个人如果把心思过多地用在小聪明上，他必定没有精力去开发和培植他的大智慧。聪明和智慧是两个不同的概念，智慧有益无害，聪明益害参半，把握得不好的小聪明则贻害无穷。

拥有太多小聪明的人，往往乐于追逐眼皮底下的急功近利，看不到长远的根本利益。相反地，具有大智慧者很少会在众人面前炫耀自己的聪明才智，他们更不会自作聪明地干一些实际上愚蠢至极的事情。真正的聪明者不需要通过投机取巧来加以表现，自作聪明者常常反被自以为是的小聪明所累。

从前有个小男孩，非常聪明，但在长久的夸奖声中，他渐渐地开始偷懒，想靠投机取巧来获得成功。

这天，小男孩有幸和上帝进行了对话。

小男孩问上帝："一万年对你来说有多长？"

上帝回答说："像一分钟。"

小男孩又问上帝："100万元对你来说有多少？"

上帝回答说："相当一元。"

小男孩对上帝说："你能给我一元钱吗？"

上帝回答说："当然可以。请你稍候一分钟。"

一位哲人说过："投机取巧会导致盲目行事，脚踏实地则更容易成就未来。"我们的成功需要智慧，更需要脚踏实地地付出。人要站的牢才会走得稳，投机取巧走捷径或许在一时能得到好处，但是因为没有厚实的基础，脚步太过于轻快，导致的结果只会是在长途跋涉中落后于别人。作为一个渴望获得成功的人来说，我们的眼光永远看向前方，但是前进的道路却在我们脚下，只有实实在在地走好每一步，才能走得更远。

世界上绝顶聪明的人很少，绝对愚笨的人也不多，一般都具有普通的能力与智商。但是，为什么许多人都无法取得成功呢？

一个最重要的原因在于他们习惯于投机取巧，用小聪明来替代所必须要付出的心血，不愿意付出与成功相应的努力。人们都懂得"宝剑锋从磨砺出，梅花香自苦寒来"的道理。可是一旦摊上自己做事，马上就又回复到"投机取巧"的"捷径"上来了。

投机取巧会使人堕落，无所事事会令人退化，只有勤奋踏实地工作才是最高尚的，才能给人带来真正的幸福和乐趣。成功者的秘诀就在于他们能够摒弃"投机取巧"的坏习惯，无视那些小聪明，用自己的努力开创属于自己的辉煌。

"机关算尽太聪明，反误了卿卿性命。"聪明是好事，但要用在适当的地方，才能显示出其真正的价值，想投机取巧、不劳而获，聪明只能把你带入失败的深渊。

凝神静气，将事情做到尽善尽美

不管做什么样的人，穷人或富人，官员或普通百姓，都不可有势利气，就是说不要折屈自己的人品去趋炎附势。不管从事什么职业，从艺还是经商，务农还是做工，都不可有粗浮心，就是不可有粗枝大叶、马马虎虎、浮躁不踏实的心态。

美国成功学家马尔登说过，马马虎虎、敷衍了事的浮躁心态，可以使一个百万富翁很快倾家荡产。相反地，每一个成功人士都是认认真真、兢兢业业的。追求精确与完美，是成功者的个性品质。他讲了这样一个故事——一家皮货商订购一批羊皮，在合同中写道："每张大于0.5平方米、有疤痕的不要。"注意，其中的顿号本应是句号。结果供货商钻了空子，发来的羊皮都是小于0.5平方米的，使订货者哑巴吃黄连，有苦说不出，经济损失惨重。

"粗心"、"懒散"、"草率"，这样一些评价送给生活中成千上万的失败者毫不为过。有多少人，包括职员、出纳、教师、编辑，甚至大学教授，都是因为粗心马虎而犯下错误。

相反地，做事认真，则能帮助一个人获得成功。法国作家大仲马有一个朋友，他向出版社投稿经常被拒绝。这位朋友就来向大仲马求教。大仲马的建议很简单：请一个职业抄写人把他的稿子干干净净誊写一遍，再把题目做些修改。这位朋友听从了大仲马的建议，结果他的文章就被一个以前拒绝过他的出版商看中了。再好的文章，如果书写太潦草，谁会有耐心去拜读呢？

美国著名演员菲尔兹曾说道："有些妇女补的衣服总是很容易破，钉的扣子稍一用力就会脱落；但也有一些妇女，用的是同样的针线，而补的衣服、钉的纽扣，你用吃奶的力气也弄不掉。"做事是否认真，体现着一个人的心态。只有那些有着严谨的生活态度和满腔热忱的富有敬业精神的人，才会认真对待每一件事，不做则已，要做就一定要尽心尽力做好。这样的人也往往会得到别人的信任，为自己打开成功之门。

洛克菲勒是美国石油大亨，他的老搭档克拉克这样评价他道："他有条不紊和细心认真到极点。如果有一分钱该归我们，他要取来；如果少给客户一分钱，他也要客户拿走。"

洛克菲勒对数字有着极强的敏感性，他常常在算账，以免钱从指缝中悄悄溜走。他曾给西部一个炼油厂的经理写过一封信，严厉地质问道："为什么你们提炼一加仑石油要花1分8厘2毫，而另一个炼油厂却只需9厘1毫？"这样的信还有："上一个月你厂报告有1119个塞子，本月初送给你厂10000个。本月份你厂用去9537个，却报告现存1012个。其他570个下落如何？"类似这样的信据说洛克菲勒写过上千封。他就是这样从账面数字——精确到毫、厘位，分析出公司的生产经营情况和弊端所在，从而有效地经营着他的石油帝国。

洛克菲勒这种严谨认真的工作作风是在年轻时养成的。他16岁时初涉商海，是在一家商行当簿记员。他说："我从 16 岁开始参加工作就记收入支出账，记了一辈子。它是一个能知道自己是怎样用掉钱的惟一办法，也是一个人能事先计划怎样用钱的最有效的途径。如果不这样做，钱多半会从你的指缝中溜走。"

世界上怕就怕"认真"二字。做事细心、严谨、有责任心、追求完美和精确，是认真；做人坚持正道，不随波逐流，不为蝇头小利所惑，"言必行，行必果"，也是认真；生活中重秩序、讲文明、遵纪守法，甚至起居有节、衣着整洁、举止得体，也是认真的体现。认真就是不放松对自己的要求，就是在别人苟且随便时自己仍然坚持操守，就是高度的责任感和敬业精神，就是一丝不苟的做人态度。

还没学会跑，就不要想着飞

即使自身具备再优越的条件，一次也只能脚踏实地地迈一步。这是十分简单的道理，然而，很多初入社会的年轻人，在步入社会后，却把这么简单的道理忘记了。他们总想一步登天，恨不得第二天一觉醒来，摇身一变成为比尔·盖茨一样的成功人物。他们对小的成功看不上眼，要他们从基层做起，他们会觉得很丢面子，他们认为凭自己的条件做那些工作简直是大材小用。他们有远大的理想，但又缺乏踏实的精神，最终只能四处碰壁。

任何一个人的成功都不是靠空想得来的，只有踏踏实实一步一个脚印地去尝试、去体验，才能最终取得成功。不管你拥有过怎样知名学府的毕业证书，也不管你获得过怎样高的奖励，你都不可能在踏出校门的第一天就获得百万年薪，更不可能开上公司所配的"宝马"跑车，这些都需要你踏踏实实地去干，去争取。如果你不能改掉眼高手低的坏毛病，那么，不但初入社会就容易遭遇挫折，以后的社会旅程也会布满荆棘。

上世纪70年代，麦当劳公司看好了中国台湾市场，决定在当地培训一批高级管理人员。他们最先选中了一位年轻的企业家。让那个企业家没有想到的是，第二天一上班，总裁就先让他去打扫了厕所。后来他晋升为高级管理人员，看了公司的规章制度后才知道，麦当劳公司训练员工的第一课就是先从打扫厕所开始的，就连总裁也不例外。

创维集团人力资源总监王大松曾经说："年轻人只有沉得下来才能成就大事。无论你多么优秀，到了一个新的领域或新的企业，刚出校门就只想搞策划、搞管理，可是你对新的企业了解多少？对基层的员工了解多少？没有哪个企业敢把重要的位置让刚刚走出校门的人来掌管，那样做无论对企业还是对毕业生本人都是很危险的事情。"

所以，要想获得事业的成功，就先去掉身上的浮躁之气，培养起务实的精神，扎扎实实打好基础，基础打好了，你事业的大厦才可能拔地而起。

戒掉浮躁之气并不困难，只需把自己看得笨拙一些。这样你就很容易放下什么都懂的假面具，有勇气袒露自己的无知，毫不忸怩地表示自己的疑惑，不再自命不凡，自高自大，培养起健康的心态。这有利于更快更好地掌握处理业务的技巧，提高自己的能力，还能给上司和同事留下勤学好问、严谨认真的好印象。

拥有笨拙精神的人，可以很容易地控制自己心中的激情，避免设定高不可攀、不切实际的目标，不会凭着侥幸去瞎碰，也不会为了潇洒而放纵，而是认认真真地走好每一步，踏踏实实地用好每一分钟，甘于从不起眼的小事做起，并能时时看到自己的差距。

认真扎实地去做基础工作，是培养务实精神的关键。越是那些别人不屑去做的工作，你越要做好。工作能力是有层级的，只有从基础做起，处理好小事，才能打好根基，培养起处理大事的能力。

你还要保持一颗平常心，坦然地去面对一切。如果小有成就，也不需太得意，如果遇到挫折，也不要消极失望。"不以物喜，不以己悲"

的心态，会使你更加关注自己的工作，并集中精力做好它。

此外，还要切忌急于求成。事业的成功需要一个水到渠成的过程，急于求成可能导致功败垂成。

人的成长是需要一个过程的，这个过程不是任何文凭、学位可以缩短或替代的，否则就会出现断层，就会成为空中楼阁。"没有人能随随便便成功"，这是一句歌词，也是一条真理。"随便"是指空想、浮躁，只有去掉这些，发扬务实的精神，万丈高楼才能拔地而起。初入社会是一个人的品质和生涯定格的时期，如果你能在这个时期树立起务实的精神，扎扎实实地练就基本功，那么还有什么能阻碍你成功呢？

不管你从事哪一行哪一业，成功都自有其既定的路径和程序，一步一步地来，步步为营步步赢，成功自然会在不远的地方等着你，想一步登天，成功就会跑得比你更快，你永远都追不上。

自信坚持的想法，会令你一往无前

　　自卑放弃是成功的敌人，使我们变得胆怯、虚弱，也使我们的人生脆弱，经不住生活的风雨，除了消磨一个人的雄心、意志，没有其他好处。其实，走在人生路上，困难总要面对，风雨总要经历，但只要我们能够自信一点，坚持一下，无所畏惧，最终必能拨开乌云见天日，柳暗花明又一村。

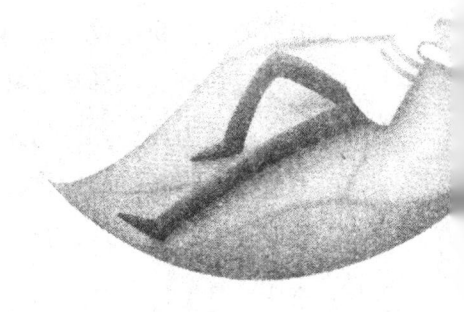

自信是成功的基础

　　自信是成功的首要前提，拥有了自信，就为你将来的成功打下了良好的基础。自信这种意识也是一种巨大的力量，给我们的行动以指导。

　　假如连你自己都不相信自己，他人的鼓励又能起到什么作用呢？他人的想法永远不能完全代表你自己，你也绝对有权去决定你要不要接受别人的意见，或是要不要受别人的影响。只有你才是你生命的重心，也惟有你才能给自己最有力的肯定，这才是你开发潜能、实现突破的最佳基础。

　　一个人要想成功，首先要具备的就是自信。假若你心中播种的都是自信的种子，相信你总会有获得累累硕果的时候。

　　古时候的一个国家，有个勤奋好学的木匠，有一天去给法官修理椅子，他不仅干得很认真，还对法官坐的椅子进行了改装。有人问他其中的原因，他解释说："我要让这把椅子经久耐用，直到我自己作为法官坐上这把椅子为止。"这位木匠后来果真成了一名法官，坐上了这把椅子。

　　自信是一种心境，自信的人们不会在转瞬间就消沉、沮丧。以自信的心态自居的人们，以胜利者心态生活的人们，以征服者心态傲行在世界上的人们，与那种以缺乏自信、卑躬屈膝、唯命是从的被征服者心态生活的人们相比较，他们的人生路将会有天壤之别。

　　成功的人不是从未被击倒的人，而是在被击倒后，依然能够勇于爬起，继续为成功打拼的人。没有什么比自信更能改变我们的处境了，信心就是人生最好的财富，拥有自信就等于拥有无限的可能。自信是成功的源泉，拥有自信，我们就能在千百次毁灭中，重新筑建起自己的人生乐园。

被称为新工业之父的亨利·福特，年轻时在一家电灯公司当工人。有一天，他突发奇想，产生了要设计一种新型引擎的想法。他把这个想法告诉了妻子，妻子对他的想法很支持，鼓励他勇敢地去尝试，还把家里的旧棚子用做福特从事引擎研究工作的场所。福特每天下班回到家后，就会钻进旧棚子里做引擎的研究工作。冬天旧棚子里非常冷，可他却对自己默默地说："引擎的研究已有了头绪，再坚持干下去就能成功。"亨利·福特充分调动了战胜困难的自信心，在旧棚子里努力了3年，这个几乎是异想天开稀奇的东西终于问世了。

1893年，亨利·福特和他的妻子坐着一辆不用马拉的车在大街上摇晃着前进，街上的人被这情景吓了一跳，有些胆小者还躲在远处偷偷地观看。从这一天起，这个将对整个世界都会产生深远影响的新工业，就在亨利·福特自信的驱动下诞生了。

之后，亨利·福特决定制造一种汽车，他要求工程师们在一个引擎上铸造8个完整的气缸。工程师们听了都直摇头说："这不可能。"福特命令道："谁不想干，就走人！"工程师们谁都不想失业，只好照着他的命令去做。由于他们认为这是一件不可能的事，因此，谁都不认为会成功。6个月过去了，研究毫无进展。

福特决定另外挑选几个对研制新型汽车有信心的人去完成。他坚信人一旦有了稳操胜券的心理，就有了希望。新挑选的几个工程师经过反复研究，终于找到了制造新型汽车的关键窍门。

成功产生在那些自信的人身上，而失败则源于那些不自觉地让自己产生失败意识的人身上。给自己建立一个有效的自我激励体系，永葆信心满盈的状态，这样往往会得到意想不到的快乐与收获。美国诗人、思想家爱默生说过："有史以来，没有任何一件伟大的事业不是因为自信而成功的。"当自信成为你的生活方式，你也就已经为成功做好了准备。

自卑是无能的表现

　　一个人要想有所成就,最重要的就是自信,要无论遭遇怎样的挫折困苦都永远始终相信自己。自信是对自我能力和自我价值的一种肯定。在影响自己的诸要素中,自信是首要因素。有自信,才会有成功。

　　自卑是一种消极的自我评价或自我意识,即个体认为自己在某些方面不如他人而产生的消极情感,是一种危机心态。自卑是束缚创造力的一条绳索,要想成就一番事业,首先要做的一项工作就是拒绝与自卑纠缠。

　　据有关专家统计,世上有92%的人是因为对自己信心不足,而不能走出生存的困境。这种人就像一棵脆弱的小草一样,毫无信心去经历风雨。这就是说,缺乏自信,而在自卑的陷阱中爬来走去,是这些人最大的生存危机,自然就会导致挫败。如果不能从自卑中挣脱出来,那么就成不了一个能克服困难的人。

　　有一次,松下电器公司招聘一批基层管理人员,采取笔试与面试相结合的方法。计划招聘15人,报考的却有几百人。经过一周的考试和面试之后,通过电子计算机计分,选出了15位佼佼者。当松下幸之助将录取者一个个过目时,发现有一位成绩特别出色、面试时给他留下深刻印象的年轻人未在15位之列。这位青年叫神田三郎。于是,松下幸之助当即叫人复查考试情况。结果发现,神田三郎的综合成绩名列第一,只因电子计算机出了故障,把分数和名次排错了,导致神田三郎落选。松下立即吩咐手下纠正错误,给神田三郎发放了录用通知书。第二天,松下先生却得到一个惊人的消息:神田三郎因没有被录取而一下自卑起来,觉得自己一无是处,于是跳楼自杀了。录用通知书送到时,他已经死了。

　　松下知道之后自己沉默了好长时间,一位助手在旁边自言自语:

"多可惜，这么一位有才干的青年，我们没有录取他。"

"不，"松下摇摇头说，"幸亏我们公司没有录用他。如此自卑的人是干不成大事的。"

人生并非一帆风顺，因为求职未被录取而拿死亡来解脱自卑的情绪，简直太可惜了。

"成功者"与"普通者"的区别在于：成功者总是充满自信，洋溢活力，而普通人即使腰缠万贯，富甲一方，内心却往往灰暗而脆弱。

成就事业就要有自信，有了自信才能产生勇气、力量和毅力。具备了这些，困难才有可能被战胜，目标才可能达到，胜利才可能拥有。但是自信绝非自负，更非痴妄，自信建筑在崇高和自强不息的基础之上才有意义。心中有自信，成功有动力。莎士比亚说过："自信是成功的第一步。"当你满怀激情踏上人生之路时，请带上自信出发，那么一切都将会改变。

消除自卑侵害

自卑的心态就像一条啮噬心灵的毒蛇，不仅吸食心灵的新鲜血液，让人失去拼搏的勇气，还在其中注入厌世和绝望的毒液，最后让健康向上的心灵慢慢枯萎。

在人生崎岖的道路上，自卑这条毒蛇随时都会悄然地出现，尤其是当人迷惑、劳累困乏时，更要加倍地警惕。偶尔短时间地滑入自卑的状态是很正常的现象，但长期处于自卑之中就会酿成人生的灾难了。

只有控制住自卑心态，人们才敢于积极进取，成为一个有主动创造精神的人；才能开拓事业的新局面，为成功打下坚实的基础；也才会有良好的人生态度，活得开朗、开心；才会勇于承担责任，成为一个有责任心的人。只有摒弃自卑，才会在平时积极思考；才会积极跨越各种各样的障碍，成为一个不怕困难的人；才会积极主动地去结交新朋友，改善和老朋友的关系。

　　自卑的根源在于过分低估自己或否定自我，过分重视他人的意见，并将他人看得过于高大而把自我看得过于卑微。你总是把自己认为的劣势时刻放在脑子里，提醒自己的不足，并把这些不足与他人的优势相比较。因而，越比越觉得自己不如他人，越比越觉得自己无地自容，从而忽略了自身的优势，打击了自信心。

　　举例子来说，一个男孩，由一个偏僻的小镇考到北京的名牌大学，当别人问他从哪里来，他常会顾左右而言它，因为他觉得自己的出身和其他同学比"太差了"；一个有点发福的妇人看到身材苗条的女生，就难免会觉得自己没有对方年轻、漂亮，觉得被她们比了下去。

　　假如让自卑控制了你，那么，你在自我形象的评价上会毫不怜悯地贬低自己，不敢追求满足自我的欲望，不敢在他人面前申诉自己的观点，不敢向他人表白自己的爱情，行为上不敢挥洒自己，总是显得很拘谨畏缩。同时，对外界、对他人，特别是对陌生环境与生人，心存一种畏惧。出于一种本能的自我保护，便会与自己畏惧的东西隔离和疏远，这样便将自己囚禁在一个孤独的城堡之中了。假如说别的消极情绪可以使一个人在前进路上暂时偏离目标或减缓成功速度，那么一个长期处于自卑状态的人根本就不可能有成功的希望，甚至已有的成绩也不能唤起他们的喜悦、兴奋和信心，只是一味地沉浸在自己失败的体验里不能自拔，对什么都不感兴趣，对什么都没有信心，不愿走入人群，拒绝别人接近。

　　世界上有很多不能走出生存困境的人，都是由于对自己信心不足，他们就像一棵脆弱的小草一样，毫无信心去经历风雨，这就是一种可怕的自卑心理。所以有这种想法的人一定要认识到其中的危害，积极摆脱自卑的控制，明白每个人活在世上都有他的意义和用处，不必太苛求自己，也不要太在意别人的看法，只要自己努力，就同样会发光发热的。

我一定行！

永远相信自己，无论你拥有怎样的雄心壮志，都要集中精力为之努力，而不要左顾右盼、意志不坚。不要给自己留畏缩的退路，一心一意为了理想而奋斗。只有集中精力才能获得自己想要的成功。

每个人都渴望成功，但是在成功路上总会充满荆棘，如果你放弃，那么你永远不会成功；如果你不断地坚持，勇敢地告诉自己"我能行"，总有一天你会得到成功。

卡耐基说："要想成功，必须具备的条件是：以欲望提升自己，以毅力磨平高山，以及相信自己一定会成功。"永远相信自己，假如你真的能做到，那么你离成功已经不远了。

假若你的动力足够大，那么与之匹配的能力也将随之而至。在你面前如果有十分有吸引力的奖品在激励着你，那么，你一定可以变得更加敏捷，更加细致而勤奋，更加机智而思虑周全，而且会有更加稳健清晰的头脑，你也一定会获得更好的判断力和预见力。

每个人都有巨大的潜能，只是有的人潜能已苏醒，有的人潜能却还在沉睡中。任何成功者都不是天生的，成功的关键在于开发出了无穷无尽的潜能。只要你能持有积极的心态去开发自我的潜能，就会有用不完的能量，你的能力就会越用越强，成功也就会近在咫尺了。反之，假如你抱着消极的心态，不去开发自己的潜能，任它沉睡，那你就只能自叹命运不公了。

曾有一个农夫在高山之巅的鹰巢里捉到一只小鹰，他把小鹰带回家中，养在鸡笼里面。这只小鹰与鸡一起啄食、嬉闹和休息，它认为自己也是一只鸡。这只鹰渐渐长大了，羽翼也丰满了，主人想把它训练成猎鹰，可是，因终日与鸡混在一起，它已变得与鸡完全一样了，根本没有飞的能力了。农夫试了各种各样的办法，都毫无效果，最后把它带到了山顶上，一把将它扔了下去。这只鹰，像一块石头似的，直掉下去，慌乱之中它拼命地扑打着翅膀，就这样，它终于飞了起来。

或许你会说："我已懂你的意思了。但是，它本来就是鹰，不是鸡，它才能够飞翔。而我，或许原本就是一个平凡的人，我从来没有期望过自己能做出什么了不起的事情来。"这正是问题的所在——你从来没有期望过自己做出什么了不起的事来，你只把自己钉在自我期望的范围内，你又怎么知道你不是能翱翔云天的雄鹰呢？

事实上，开启成功之门的钥匙，必须由你自己亲自来锻造，而这正是释放你的潜能、唤醒你的潜能的过程。永远相信自己，你会发现世界大不同，困难不再那么难以逾越，成功并非不可期，人生也会逐渐坦途。

与挑战纠缠到底

她是一位世界纪录的创造者，她成功登上了日本的富士山，她的名字叫胡达·克鲁斯。这些都不足引人注意，那么，当你知道她已经是九十岁的高龄，你还会不惊奇吗？

当别的年届七十的老人，认为到了这个年纪可算是到了人生的尾声，并且开始安排后事时，她——胡达·克鲁斯，却在学习登山。因为她相信：一个人能做什么事不在于年龄的大小，而在于你是否力所能及和对这件事有什么样的看法。于是，在七十岁高龄之际她开始接受登山训练，攀登上了几座世界上颇有名的山，最终以九十五岁高龄登上了日本的富士山，打破攀登此山年龄的最高纪录。

七十岁开始学习登山，这不能不说是一大奇迹。但奇迹是人创造出来的。成功者的首要标志，是他永远以积极的思维去思考问题。一个人如果总是采用积极思维、不怯于接受挑战和应对麻烦事，那他就成功了一半。

一个人能否成功，完全取决于他的态度。成功者与失败者之间的差别是：成功者始终用最积极的思考、最乐观的精神和最有效的经验支配和控制自己的人生。失败者则刚好相反，因为缺乏积极思维，他们的人生是受过去的失败和疑虑所引导和支配的。他们徘徊在失败的阴影里，只能眼看着别人成功。

每个人都有诸多的遗憾：比如想旅游的人有时间时没有钱，有钱时却又没有了时间；想创业的人有能力时没机会，有机会时却又没了能力；靠体力吃饭的人年轻时用健康换金钱，老了又用钱来买健康等等。但最大的悲哀莫过于心灵归于死寂，总是想：我年龄大了，已不属于这个时代了，不会有属于我的辉煌了！

人到中年，最容易产生这样消极的想法，认为自己这辈子已经步入一个既定的轨道，不再有种种的年轻冲动和欲望，只要安分守己按部就班地走下去就行了。这种斗志和进取心的消失是最可怕的，它意味着已习惯了自甘平庸与落魄。曾听过这样一个故事：一个算命先生为一个人算他的将来，说这个人二十多岁时诸多不顺，三十多岁时虽多方努力仍一事无成，那人焦急地问："那四十岁呢？"算命先生说："那时，你已经习惯了。"这是一个让人内心猛然一震的故事，竟有当头棒喝之感。

经过生活一系列的磨难之后，难道我们真的要被迫接受一种无奈的现实，麻木不仁地走向人生的终点吗？"决不！"我们要在心里大声对自己说。经过这十几年的磨炼，你也许没有取得别人眼中的成功，但这并不意味着自己就完了，就必须放弃。也许你已经把年轻时的万丈雄心收起，知道自己只是一个普通人，只是在做着一些普通事。你的心境归于平和，但绝对不能趋于死寂，要像胡达·克鲁斯老太太那样，设定一些自己力所能及的、切实可行的目标，让自己每时每刻都有一颗积极的心，尽力干好并享受自己手头的每一件事，执著地爬上属于自己的高峰。

想要人生精彩，就不要轻易下结论否定自己，不要怯于接受挑战，只要开始行动，就不会太晚；只要去做，就总有成功的可能。世上能打败你的只有你自己，成功之门一直虚掩着，除非你认为自己不能成功，它才会关闭，而只要你自己觉得可能，那么一切就皆有可能。

每次跌倒，都是一个新的起点

很多人这样对自己说：我已经尝试过了，不幸的是我失败了。其实他们并没有搞清楚失败的真正涵义。

每个人的人生之路都不会一帆风顺，遭受挫折和不幸在所难免。成功者和失败者非常重要的一个区别就是对挫折与失败的看法：失败者总是把挫折当成失败，从而使每次挫折都能够深深打击他胜利的勇气；成功者则是从不言败，在一次又一次挫折面前，总是对自己说："我不是失败了，而是还没有成功。"一个暂时失利的人，如果鼓起勇气继续努力，打算赢回来，那么他今天的失利，就不是真正的失败。相反地，如果他失去了再战斗的勇气，那就是真输了！

美国著名电台广播员莎莉·拉菲尔在她30多年职业生涯中，曾经被辞退18次，可是她每次都调整心态，确立更远大的目标。最初由于美国大部分的无线电台认为女性不能打动观众，没有一家电台愿意雇用她。她好不容易在纽约的一家电台谋求到一份差事，不久又说她思想陈旧，将其辞退。莎莉并没有因此而灰心丧气、精神萎靡。她总结了失败的教训之后，又向国家广播公司电台推销她的清谈节目构想。电台勉强答应录用，但提出要她在政治台主持节目。

"我对政治了解不深，恐怕很难成功。"她也一度犹豫，但坚定的信心促使她大胆地尝试了。她对广播已经轻车熟路，于是她利用自己的长处和平易近人的作风，抓住7月4日国庆节的机会，大谈自己对此的感受及对她自己有何种意义，还邀请观众打电话来畅谈他们的感受。听众立刻对这个节目产生了兴趣，她也因此而一举成名。后来莎莉·拉菲尔成为自办电视节目的主持人，并曾两度获得重要的主持人奖项。她说："我被人辞退过18次，本来可能被这些厄运吓退，做不成我想做的事情，结果相反，我让它们把我变得越来越坚强，鞭策我勇往直前。"

如果一个人把眼光拘泥于挫折的痛感之上，他就很难再有心思想自己下一步如何努力，最后如何成功。一个拳击运动员说："当你的左眼被打伤时，右眼就得睁得更大，这样才能够看清敌人，也才能够有机会还手。如果右眼同时闭上，那么不但右眼也要挨拳，恐怕命都难保！"拳击就是这样，即使面对对手无比强劲的攻击，你还是得睁大眼睛面对受伤的感觉，如果不是这样的话一定会失败得更惨。其实人生又何尝不是如此呢？

大哲学家尼采说过："受苦的人，没有悲观的权利。"既然已经在承受巨大的痛苦了，那就更要想开些，悲伤和哭泣只能加重伤痛，所以不但不能悲观，反而要比别人更积极。红军二万五千里长征过雪山的时候，凡是在途中说"我撑不下去了，让我躺下来喘口气"的人，很快就会死亡，因为当他不再走、不再动时，体温就会迅速降低，跟着很快就会被冻死。在人生的战场上又何尝不是如此，如果失去了跌倒以后再爬起来、在困难面前咬紧牙关的勇气，就只能遭受彻底的失败。

著名的文学家海明威的代表作《老人与海》中有这么一句话："英雄可以被毁灭，但是不能被击败。"跌倒了，爬起来，你就不会失败，坚持下去，你才会成功。不要因为命运的怪诞而俯首听命于它，任凭它的摆布。等你年老的时候，回首往事，就会发觉，命运只有一半在上帝的手里，而另一半则由你掌握，你一生的全部就在于：运用你手里所拥有的去获取上帝所掌握的。你的努力越超常，你手里掌握的那一半就越庞大，你获得的就越丰硕。

在你彻底绝望的时候，别忘了自己拥有一半的命运；在你得意忘形的时候，别忘了上帝手里还有一半的命运。你一生的努力就是：用你自己的一半去获取上帝手中的一半。

幸福偏爱坚强的人

如果你是一只海蚌，就必须忍受砂石的蹂躏；
如果你是一块礁石，就必须经受滔天巨浪的袭击；
如果你是一株小树，就必须经得起风雨雷电的考验。
……

磨难是生活不可缺少的一个部分。

曾经听过这样一句话："只有在饥饿的时候，才感觉到米饭的香甜。"其实，生活就是一个不断饥饿和对抗饥饿的过程，生活中的"饥饿"就是磨难，因此，这句话也可以这么说："只有经历过磨难的人，才会更珍惜现在所拥有的一切。"

生活原本如一张白纸，但有了磨难的导演，它便成了一部悲欢离合、情节生动的戏剧。磨难赋予我们艰辛和烦恼，赋予我们无助和忧伤，同时也赋予我们过五关斩六将的豪情壮志以及"长风破浪会有时，直挂云帆济沧海"的坚定信念。

但是很多人没有这样幸运，能够在磨难之后去珍惜现在所拥有的一切，原因就在于他们根本不是理智地理解"磨难"，甚至把它当成魔鬼，不敢靠近，不敢接受。其实，生活离不开磨难，正所谓"宝剑锋从磨砺出，梅花香自苦寒来"，"不经历风雨，又怎能见彩虹"，如果没有艰难困苦的历练，如何成就人生的辉煌？需要知道"无敌国外患者，国恒亡"，没有危机激励，人也容易走向碌碌无为。

是啊，面对海蚌体内璀璨的珍珠，我们只是伸手拾之；面对参天大树，我们只是不住地点头啧啧表示赞叹，然而谁会想到它们曾如何坚韧地忍受剧痛，如何同风雨作战！记得冰心说过这样一句话："成功的花，人们只惊羡它现实的明艳，然而当初的芽儿浸透了奋斗的泪泉，洒遍了牺牲的血雨。"一段美好的生活；就应是一场艰难的奋斗史，因为只有不畏险峰的攀登者，不畏巨浪的弄潮儿，才能登上高峰采得仙草，深入海底觅得丽珠！

每一个人都会经历过不同的痛苦和磨难，当它们光顾的时候，只有勇敢地面对，征服它们，才能让自己不再低头，抬头挺胸，也才能彻底改变自己的命运。

司马迁遭受宫刑，却成巨著《史记》；勾践卧薪尝胆后，东山再起，终于灭吴；李世民虽遭兄弟排斥，却仍能用心于天下，造就了"贞观之治"；曹雪芹经受天堂地狱般变化的打击之后，"披阅十载，增删五次"，著成《红楼梦》。历史证明：磨难并非对一个人的摧残，而是一种锤炼。正如孟子所说："天将降大任于斯人也，必先苦其心志，劳其筋骨，饿其体肤。"

春秋战国时，孙膑与庞涓同师于异人鬼谷子。庞涓先期毕业，成为魏国权臣。孙膑学满业成之时，魏惠王派使者前来求见，欲用孙膑。孙膑到了魏国，才华初显就引起了庞　　恨。他一方面设计陷害孙膑，欲除去竞争对手；另一方面，他又冒充好人，骗取孙膑的信任，欲夺其《孙武兵法》之秘传。结果，孙膑被剔去双膝盖骨，又以墨刺面，成了一个废人。孙膑因不知内情，为感激庞涓救命供养之恩，决定为庞涓默写鬼谷子注解的孙武兵书，直到有一天，孙膑的一个侍者听到真相，密告给孙膑，孙膑才恍然大悟。于是，他突然装疯，痰涎满面，胡言乱语，或哭或笑，或怒或骂，长发披散，故意卧于猪圈之粪秽中。庞涓也曾试过他是否装疯，但孙膑表现得像真疯一样，有好酒好肉故意不吃，却专吃别人扔过来的狗骨头及泥块，这才相信孙膑确实疯了，于是便放松了警惕。孙膑整日混迹于市井之中，或狂言诞语，或悲号不已，没有人知道他是假装疯癫。其实孙膑是以此为伪装等待机会。一日，齐臣淳于髡出使魏国，孙膑趁机求见并最终逃走。孙膑到了齐国，成了大将田忌的军师，立志复仇，励精图治数载，终于设计在马陵将庞涓万箭穿身，一雪前仇。

也许我们不需要像孙膑一样忍辱负重，但是无论如何，人生总有重重磨难，它也成为生活中一个不可缺少的部分，这些经历过的痛苦和磨难，是你的一笔财富，一种收获。也只有在你痛苦和难过的时候，你才会发现一些不起眼的东西、平常的东西，此时是多么得可贵和难得。更为可贵的是，在你经历了磨难的时候，你会发现只要战胜了自己向这些磨难妥协的念头，顺利之门就会打开。

坚持就有希望

人生是一个不停遭遇困难并解决困难的过程，这个过程时而短暂、时而漫长。而当你面对这些不利境况的时候，惟一能做的就是坚持——挺过生命的低谷期，挺过走投无路的艰难期，惟有能挺住，才能让你看到"柳暗花明又一村"的精彩。

世界电器之王松下幸之助，将松下电器公司从一个只有3人的小作坊做成了一个拥有职工5万人的跨国大集团。虽然经历很多次经济危机的严重冲击，但是它还是在世界电器行业稳稳地站住了脚跟，而很多同行的、非同行的企业却濒临倒闭。人们在惊叹幸之助传奇经历的时候，是否也应该惊叹他善于"挺"的能力呢？就如《松下幸之助创业之道》前言中所说的那样"坚持 = 成功"。

1898年，幸之助4岁，原本殷实的家境开始没落，经济变得非常拮据。面对生活带给自己的考验，幸之助没有退缩，努力做自己力所能及的家务活。

同年，幸之助的大哥、二哥和大姐先后因病逝去，幸之助被迫辍学，到大阪一家做火盆买卖的店里当学徒。他依然没有被生活的残酷所吓倒，而是勤学好问，做好自己的本职工作。

幸之助创办松下电器公司之初，所有的钱加在一起才只有100日元，支持他的总共有4个人：两位老同事森田延次郎、林伊三郎，加上他的妻子和内弟井植岁男。资金不足，人员不足是摆在面前的实实在在的困难。同样，幸之助没有退缩，他选择了接受现实：用100日元和5个工人创办了自己的企业。后来，因为经营不善，两位老同事相继离去，只剩下幸之助夫妇和内弟3个人仍苦苦地支撑着，艰难地挺过一天又一天。

终于在坚持中，幸之助迎来了第一个订单——1000只电灯底座……随后的道路开始步入正轨。

现在回想那段时光，幸之助深有感慨地说："那段时间真是异常艰难，甚至连最起码的生活都成问题。"事实确实如此：从1917年4月13日起到1918年8月止，幸之助共十几次将他夫人的衣服、首饰等物品送进当铺抵押借钱以维持自己企业的运转。

回想一下幸之助的创业之路，他的成功得益于他的坚持。否则，现在就没有了松下，世界上的人也不知道日本有个幸之助。

从幸之助的身上，我们明白一个道理：成功是"坚持"出来的。将这个道理放到普通人的普通生活中同样具有现实意义：有的人因为善于"坚持"，最终减肥成功了；有的人善于"坚持"，锻炼身体的习惯养成了……

虽然我们没有幸之助的传奇，但是我们同样可以挺住，同样可以因为坚持而获得成功。那么如何做到呢？

首先，培养自己的兴趣。与其说兴趣是最好的老师，不如说兴趣是最大的动力。很多人之所以半途而废是因为他的兴趣不在于此，这样就很容易产生"退堂鼓"心理。因此，要想让自己"挺住"，首先就要培养对这件事情的兴趣，加强对这件事情意义的理解。

其次，制定合理的目标。有目标才有动力，制定目标要讲究合理、贴切，不可过大也不可过小。过大的目标容易给自己造成不必要的压力，而过小的目标也会因为没有挑战性而产生懒惰心理，这就是失败的因素。

因此，最好的办法就是"目标细分化"：先制定一个大的目标，然后将大目标分成若干个小目标，并且将这些小目标和时间限制联系在一起，用时间限制来鞭策自己定时、定量、定质地完成任务，一步一个脚印，那么即便你遇到一些困难，也是很容易挺过去的。

第三，不断地鼓励自己。处在生命低谷的时候，自我鼓励是最有效的方法。千万别幻想依靠别人的鼓励来产生勇气和力量，因为往往在那个时候，你的朋友都不在你的身边。所以，不妨在墙上贴满励志标语、不断地告诉自己你是最厉害的；或者找个僻静的地方，痛快地流泪；或者拼命地去看成功人物的传记、用运动来强化意志，忘却沮丧……总之，要不断地鼓励自己，让自己挺过生命的低谷期。

最后，时刻给自己描绘美丽前景。纵观很多人的失败，不是因为没有能力，不是因为没有机遇，而仅仅是因为看不到前景而迷失方向，轻言放弃。就像那些对现实生活绝望的人一样，因为看不到明天、看不到希望而选择草率地结束自己的生命。

因此，在你即将放弃的时候，不妨给自己描绘一下美丽的前景，让自己看到美丽的明天，用明天的美丽来唤起今天努力的激情。与其说这是在"诱惑"自己，不如说是在引导自己，引导自己坚持梦想，引导自己挺起胸膛迎接风雨之后的彩虹。

总之，人生一世，难免会遇到一些困难，难免会走入一段生命的低谷，如果这个时候，你不坚强，不学会坚持，那么你的生命便毫无希望可言，你看到的永远都是"山重水复疑无路"的绝望，而看不到"柳暗花明又一村"的欣喜。所以，在你即将放弃的时候，告诉自己：坚持一下，胜利就在前方！

不抛弃，不放弃

　　无论什么工作，不找任何借口去执行的人都是受上司器重的。对我们而言，无论做什么事情，都要记住自己的责任，无论在什么样的工作岗位上，都要对自己的工作负责。不要用任何借口来为自己开脱或搪塞，完美的执行是不需要任何借口的。

　　失败的借口有很多，成功的原因却只有一个，那就是为达到目标不懈地努力和奋斗。因此，若在今后的工作中出现了问题，我们不要总是千方百计寻找一些主观或客观原因。要知道，当我们为自己的行为找出各种借口时，我们的事业正在遭受无法弥补的损失。

　　寻找借口意味着对所做事情的拖延和放弃。它会让我们失去别人的信任，在对企业忠诚方面，我们除了干好自己分内的事情之外，还应该具有对企业发展密切关注的素质，不管领导在不在场，都要对自己的本职工作负责。这样，才算得上一个称职的员工。

　　我们只有在学习、工作、生活中养成良好的习惯，成为一个不为失败找理由的人，成功才会离我们越来越近。首先要学会服从。当接到任务，无条件服从，是我们远离任何借口的良好开端。服从意味着放弃个人主义，用企业精神来规范自己的言行，只有怀着对企业的忠诚、敬业，才能让服从成为一种习惯。其次要立即行动。克服借口带来的拖延恶果，惟一的解决办法就是行动。与其把时间和精力花在找借口上，不如立即采取行动，做到"今日事今日毕，明日事今日思"，最快最好地完成每一项交给自己的任务。第三要主动承担艰巨的任务。承担艰巨的任务是锻炼自己能力最难得的机会，这不仅需要迎难而上的勇气，还需要我们在学习实践中不断提高自己的学识水平和执行能力。

　　不要让借口成为你成功路上的绊脚石。搬开那块绊脚石吧！把寻找借口的时间和精力用到努力工作中去，因为工作中没有借口，人生没有借口，失败也没有借口，成功不属于那些寻找借口的人！

不要放弃，不要寻找任何借口为自己开脱，而是寻找解决问题的办法，是最有效的工作原则。我们都曾经一再看到这类不幸的事实：很多有目标、有理想的人，他们工作，他们奋斗，他们用心去想、去做……但是由于过程太过艰难，他们越来越倦怠、泄气，终于半途而废。到后来他们会发现，如果他们能再坚持久一点，如果他们能看得更远一点，他们就会获得成功。

保持一颗积极、绝不轻易放弃的心，尽量发掘你周围的人或事物最好的一面，从中寻求正面的看法，让自己能有向前走的力量。即使终究还是失败了，也能汲取教训，把这次的失败视为朝向目标前进的踏脚石，而不要让借口成为你成功路上的绊脚石。

成功人士的成功并非一蹴而就，那是他们不断努力，持之以恒的结果。你一旦有了这个发现，就不会因为没能在一夜之间取得成功而灰心失望。

一支部队、一个团队，或者是一名战士或员工，要完成上级交付的任务就必须具有强有力的执行力。接受了任务就意味着作出了承诺，而完成不了自己的承诺是不应该找任何借口的。可以说，没有任何借口是执行力的表现，这是一种很重要的思想，体现一个人对自己的职责和使命的态度。思想影响态度，态度影响行动，一个不找任何借口的员工，肯定是一个执行力很强的员工。可以说，工作就是不找任何借口地去执行。

爱迪生是个拒绝气馁的人，即使他的实验室和里面的东西毁于大火时，他也没有考虑过放弃。他把这场火看作一个重新开始的机会，而且这次一定要更好。

克服气馁的首要方法便是采取积极的行动，立即去做。如果你等待自己想干时才去干，那你永远不会干。必须先干，感觉也会随之而来。

凡是怀着战胜一切困难的决心、抱着一往无前的气概的人，不但能引起别人的敬佩，并且能获得别人的崇拜。因为人们知道，凡持这种态度的人多属胜利者，他的自信一定是意识到他有能力完成自己的事业。

"拼""闯"的想法,会让你牢牢抓住眼前机遇

不登山巅难以领略绝妙的风景,不敢闯敢干难以收获丰厚的果实。有道是,风险与机遇同在。在一定情况下,刚毅果断,敢冒风险,是一种可贵的品质,也是成就人生事业的必要精神。畏首畏尾,优柔寡断,只会贻误良机。当机立断,勇敢去做,才能抓住机遇,找到成功的路。

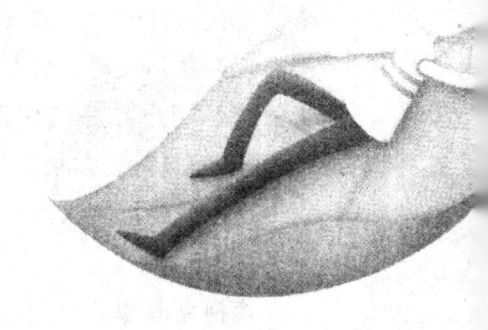

胜利险中求

想法决定活法，这在敢于冒险的人身上能够充分体现出来，这种人有较高的成功欲望，他们往往通过冒险来捕捉和创造人生际遇，并在不断的追求中使人生价值得以实现。

敢于冒险也许不是人们所赞赏的想法，但冒险对于把握机遇却是最为有效的。顾虑重重的人在观望和犹疑中时，机遇已经像水一样从他的指缝中溜走了，我们常说的贻误战机，都是这样的人所为。敢于冒险的人才不会贻误战机，而且能够抓住它，一举而获全胜。

敢于冒险是勇者的特质，是一种欲望的驱使，也是一种大智大勇的表现。

梅柯克开办了一家农机公司，开始的前几年，生意非常清淡，公司面临着破产的危险。为了能够让公司起死回生，梅柯克推出了"保证赔偿"的营销策略。梅柯克许诺，在机器开始使用两年内，如出现故障，由该公司免费维修。

这是一个极具风险的策略，因为收割机出现故障，究竟是人为操作不当，还是质量原因，公司很难调查清楚，因此几乎所有的公司高级职员都反对这一办法，建议梅柯克另作考虑。

梅柯克不为所动，因为他的想法来源于对自己产品的反复研究和思考。他认为自己生产的收割机虽然尚有需要改进之处，但质量方面绝不会出现问题。公司生意不好，在于产品的知名度不高，如果不能在服务方面给予用户足够的保障，就不可能打开营销局面，因此，他认为："投资必有风险，如果本公司不开拓一条新路，是难以为继的。"

这一策略果然取得了成功，不过数年，这家公司就成了真正的国际性公司。

梅柯克敢想，敢为，敢创新，不因害怕失败而不去冒险，敢于尝试，最终成功。这就是现代生意人能够发财的秘诀！

康德说，每个人心中都有一种追求无限和永恒的倾向，这种倾向反映在行为上就是冒险。敢想敢做是一笔宝贵的财富，它在使人冲动的同时却又给予人们以热情、活力与敢向一切挑战的勇气，成功人士总能在事前预计到种种可能招致的损失，也就是跨出这一步所承担的风险，但他们不会因此而不敢冒险。

风险总是与机遇并存，机遇也常伴有风险，这是辩证统一的，并且风险越大，其机遇给予的成功指数也越大。为此，只有你观察准确，做好判断，目标明确，那就不妨勇敢去闯一闯，从而驯服风险，抓住战机，获得成功。

畏畏缩缩不会成功

冒险精神并非与生俱来，多半是由训练而来的，是经由冒险、失败、再冒险、再失败，一步步锻炼出来的。"保证什么都不会出差错"的人，一般都不能成什么大气候。

世界上任何领域一流高手，都是靠着勇敢面对他人所畏惧的事物才出人头地，而一些取得了成功的人，也都是如此，都是以冒险的精神作为后盾的。

冒险是每个人都无法逃避的生存法则，在我们每个人的成长经历中，都经过无数次的冒险：在幼儿时期，我们敢冒险地站起来学走路；年纪稍长时，冒险学骑自行车；如果有条件，有人还冒险学开汽车，学游泳、学跳伞……冒险需要勇气，而有了勇气，才可能动手去做事，没有勇气什么事都做不成。有勇气的人也会害怕，但是他会克服自身的恐惧，向不确定的世界迈进，而那些缺乏勇气的人只能平庸地像蜗牛一样地生活。

也许我们今天已变得稳健而保守，如果这样的话，就需要重新拾回失去的冒险本能，培养健康的冒险精神。

　　成功与财富，甚至你想拥有的每一样东西，每一项技能都不是与生俱来的，要得到这些，一定要经过冒险的阶段，并发挥"越失败，越勇敢"的精神，尝试，再尝试，才可能获得。

　　人类的进步与冒险精神是息息相关的，甚至从某种意义上说正是因为人类的冒险精神才促进了人类的进步。哥白尼的天体运行学说，美洲新大陆的发现等无数的事例，证明了人类的一系列发现和创造都是从冒险开始的。勇于冒险的人，并非不惧风险，只是因为他们能认清风险，进而克服对风险的恐惧。勇气源于控制恐惧，而培养冒险精神则始于对风险的了解，特别是对风险所造成的后果的了解。

　　敢想敢做是一笔宝贵的财富，它在使人冲动的同时却又给予人们以热情、活力与敢向一切挑战的勇气，但是在懦夫眼里，无论干什么都是很危险的。

　　有一个人从小没有看见过海，他很想看一下大海到底是什么样的。有一天他得到一个机会，当他来到海边，那儿正笼罩着雾，天气又冷。"啊，"他想，"我不喜欢海；真庆幸我不是水手，当一个水手太危险了。"

　　在海岸上，他遇见一个水手，他们交谈起来。

　　"你怎么会爱海呢？"这个人奇怪地问，"那儿弥漫着雾，又冷。"

　　"海不是经常都冷和有雾，有时，大海是很美丽的，无论任何天气，我都爱海。"水手说。

　　"当一个水手不是很危险吗？"

　　"当一个人热爱他的工作时，他就不会再害怕什么危险，我们家的每一个人都爱海。"水手说。

　　"你的父亲现在何处呢？"

　　"他死在海里。"

　　"你的祖父呢？"

　　"死在大西洋里。"

　　"既然如此，"这个人带着同情和惋惜的语气说，"如果我是你，我就永远也不到海里去。"

"那你愿意告诉我你父亲死在哪儿吗?"

"啊,他在床上断的气。"

"你的祖父呢?"

"也是死在床上。"

"这样说来,如果我是你,"水手说,"我就永远也不到床上去了。"

一个人在冒险的过程中,就会让自己原本平淡无聊的生活变得激动人心起来,而且如果你能勇于冒险求胜,你就能比你想象的做得更好。

吉姆·伯克晋升为约翰森公司新产品部主任后的第一件事,就是要开发研制一种儿童使用的胸部按摩器,然而,这种产品的试制失败了,伯克心想这下完了,可能只好卷铺盖走人了。

伯克被召去见公司的总裁,不过,他受到了意想不到的接待。"你就是那位实验失败者吗?"罗伯特·伍德·约翰森问道,"好,我倒要向你表示祝贺。你能犯错误,说明你勇于冒险,而如果缺乏这种精神,我们的公司就不会有发展了。"数年之后,伯克已经成了约翰森公司的总经理,但他依然始终牢记着前总裁的这句话。

勇气和财富之间的关系是显而易见的,因为风险和收益往往是同时存在的。不管做什么生意,风险都是客观存在的,追求财富本身就是一种需要尝试者勇敢地面对风险、征服风险的过程,而且在一般情况下,风险越大,回报也就越大。因此,勇气的有无和大小,往往是贫穷和富有之间的分界线。

敢想还要敢做!

一个人或者一个企业能否成功,能否在短期内发生深刻的变化,主要体现在行动、技术、修养、世界观和自我认识五个层次上。而行动,必须而且总是第一位的。只有开始行动,人生才有价值,智慧才能变成财富。幻想毫无价值，计划渺如尘埃，马上付诸行动才是最重要的。

许多人总是长吁短叹，认为自己之所以没有富起来，主要原因就是没有发财的机遇。其实，我们不妨对比一下那些致富者，你就可以发现，机遇在大多数时候是同时降临在许多人身上的，只不过是有人犹豫了一下，而有人却立即行动了而已。

20世纪70年代的一天，亚默尔肉食加工厂的老板亚默尔拿起报纸浏览。每天清晨通过报纸了解国内外的新闻并从中寻找商机，这是他事业成功的主要秘诀。"墨西哥发现了怀疑是牲畜瘟疫的病案！"这是一则几十个字的短消息，它使亚默尔两眼放光：如果那儿真的发生了牲畜瘟疫，必然就会越过国界，传染到与之接壤的美国加利福尼亚和得克萨斯两个州，而这两个州是美国肉类产品的主要供应地。以后肉类供应就会紧张，肉价就会猛涨！

机会来了！"我必须马上行动！"他派了自己的医生亨利专程到墨西哥调查这件事的真实情况。亨利医生发回的电报大大地出乎意料："疫情比报道严重得多，牲畜已经大批死亡。"亚默尔接到电报后，立即调动大笔资金在加州和得州大量收购牛和生猪，并火速运送到东部。

果然，瘟疫很快就蔓延到了美国西部的几个州，政府下令禁止这些州的肉类运出，国内的肉类供应陡然变得紧缺，猪肉和牛肉的价格飞一般暴涨。亚默尔就赶紧把以前购进的牛肉和猪肉抛售出去，短短几个月，他就净赚了900万美元。

生意场上往往有突如其来的情况发生，面对种种变化，如果我们不马上付诸行动，一切的一切都毫无意义。

犹太人曾说过：人的一生中，有三种东西不能使用过多，作面包的酵母、盐、犹豫。酵母放多了面包会酸，盐放多了菜会苦，犹豫过多则会丧失赚钱和扬名的机会。

有过类似经历的人都知道，机遇来得突然，走得迅速，可以说是稍纵即逝。要想跟上它的脚步，只有勇敢地迈开自己的步伐，行动起来，才有可能追赶上它。只有敢于冒险，才能找到成功的路，才不会让自己事后抱憾后悔。

何来诸多顾虑？

1986年，一位中国留学生应聘一位著名教授的助教。这是一个难得的机会，收入丰厚，又不影响学习，还能接触到最新科技资讯。但当他赶到报名处时，那里已挤满了人。

经过筛选，取得考试资格的各国学生有30多人，成功希望实在渺茫。考试前几天，几位中国留学生使尽浑身解数，打探主考官的情况。几经周折，他们终于弄清内幕——主考官曾在朝鲜战场上当过中国人的俘虏！

中国留学生这下全死心了，纷纷宣告退出："把时间花在不可能的事上，再愚蠢不过了！"

这位留学生的一个好朋友劝他："算了吧！把精力匀出来，多刷几个盘子，挣点儿学费！"但他没听，而是如期参加了考试。最后，他坐在主考官面前。

主考官考察了他许久，最后给他一个肯定的答复："OK！就是你了！"接着又微笑着说："你知道我为什么录取你吗？"

年轻留学生诚实地摇摇头。

"其实你在所有应试者中并不是最好的，但你不像你的那些同学，他们看起来很聪明，其实再愚蠢不过。你们是为我工作，只要能给我当好助手就行了，还扯几十年前的事干什么？我很欣赏你的勇气，这就是我录取你的原因！"

后来，年轻留学生听说，教授当年是做过中国军队的俘虏，但中国兵对他很好，根本没有为难他，他至今还念念不忘。

这个留学生就是后来的吴鹰——UT斯达康公司的中国区总裁，《亚洲之星》评出的最有影响力的50位亚洲人之一。

许多人的脑子太复杂，总爱自作聪明，认为机遇总是属于那些最聪明、最优秀的人才，轻易否定自己，结果浪费了机遇，因此，他们往往还没有走到挑战的边缘就从心理上败下阵来。不如想得简单一些，尝试一下再说。也许，好运就在突破顾虑的那一扇门后面。

机遇眷恋智勇双全之人

年轻的医生经过长期的学习和研究，他碰到了第一次复杂的手术。主治医生不在，时间又非常紧迫，病人处在生死关头。他能否经得起考验，他能否代替主治大夫的位置和工作？机会和他面面相对。他是否敢拿稳手术刀自信地走向手术台，走上幸运和荣誉的道路？这都必须要他自己做出回答。

在人生的路上，我们也会遇到年轻医生遇到的问题，当重大的时机来临时，你能够勇敢做出决定吗？如果你不能，在机会面前你只会显得手足无措。

拿破仑问那些被派去探测死亡之路的工程技术人员："从这条路走过去可能吗？""也许吧。"回答是不够肯定的，"它在可能的边缘上。""那么，前进！"拿破仑不理会工程人员讲的困难，下了决心。

出发前，所有的士兵和装备都经过严格细心的检查。开口的鞋、有洞的袜子、破旧的衣服、坏了的武器，都马上修补和更换。一切准备就绪，然后部队才前进。统帅胜券在握的精神鼓舞着战士们。

战士们出现在阿尔卑斯山高高的陡壁上，在高山的云雾中若隐若现。每当军队遇到意料不到的困难的时候，雄壮的冲锋号就会响彻云霄。尽管在这危险的攀登中到处充满了障碍，但是他们一点不乱，也没有一个人掉队！4天之后，这支部队就突然出现在意大利平原上了。

当这"不可能"的事情完成之后，其他人才意识到，这件事其实是可以办到的。许多统帅都具备必要的设备、工具和强壮的士兵，但是他们缺少尝试的勇气和信心，缺少敢闯敢干的心态。而拿破仑不怕困难，在前进中精明地抓住了自己的时机。

　　善于为自己找托辞的人把失败归罪于没有机会，但无数成功的事例告诉我们：机会掌握在自己手中。当机会到来的时候，你要果断地抓住它，只要义无反顾地遵从自己的心，勇于创造机会，从容面对挑战，你就会像那些屹立在阿尔卑斯山上的士兵一样，傲然屹立于自己的人生顶峰。

　　有些人奇怪，许多人学识渊博，技术高超，脑子灵活，点子多，但就是富不起来，其原因则是他们缺乏胆量、不敢冒险。明明看准了的机遇，却不敢下决心去干，明明想好的点子，却不敢付诸实践。总是犹犹豫豫，优柔寡断，前怕狼后怕虎，最终想得多，干得少，成了思想的巨人、行动的矮子，这种人也是注定富不起来的。

　　敢想敢干，敢作敢为，这是成功致富必备的魄力！许多人也想致富，也能敏锐地发现致富的机会，但就是不敢行动，害怕失败，不能果断地抓住机遇，结果一个个致富的机会从他们身边溜过。无数成功致富者的实践都证明了，有胆有识的人，才有旺盛的进取心和强烈的斗志，才勇于创新，才能果断决策，从而走上致富之路。

观众永远成不了主角

　　有一句流传甚广的格言："罗马不是一天建成的。"这句话和东方的"千里之行，始于足下"表达的是同样的意思。我们也可以这样理解这句话，即使是最优秀的选手，如果只是以旁观者的姿态来观战，那么他的名字永远爬不到比赛的记分板上。

　　成功的人大都是雷厉风行的性格，也是自我策划的高手。当其他人在原地踏步时，他们早已顺着机会奋勇前行，"两岸猿声啼不住，轻舟已过万重山"，建立了自己的事业王国。但他们的成功既源于这种正确的策划，更在于策划之后的实际行动。因为只有去做，策划才能落在实处。

成功不会降落在一个只会空想、干看、乱瞪眼的人身上。

犹太人哈同，1872年来到中国上海谋生，当时他24岁，年轻力壮，但身上除了穿着外，几乎一无所有。他立志来中国赚钱发财，但自己一无资本，二无专业知识和技术。他决心从一个立足点开始，因自己长得身体魁梧，在一家洋行找到一份看门工作。要在别人是不愿干的，自己相貌堂堂，年轻高大，却屈于当站门雇员，而哈同却不那么想，他认为看门赚来的钱是一种报酬，没有丢脸和失身份的感觉。另外，他更有深层次的考虑，"千里之行始于足下"，在这份工作上找到个立足支点，今后通过自己的努力奋斗，积蓄力量，最后终能找到能赚更多的钱的路子。

哈同在当看门工时，非常认真，忠于职守。晚间，他利用一切可用时间阅读各种经济和财务的书籍，知识增长很快。老板觉得此人工作出色，脑子精灵，把他调到业务部门当办事员。哈同一如既往，工作业绩不错，逐步被提升为行务员、大班等。这时，他的收入大为增加了。早怀壮志的他，并没有因此而知足。他认为自己创业的时机到了，1901年，他找理由离开了打工岗位，自己开始独自经营商行。

哈同自办的商行取名为"哈同洋行"，为了赚取更多的钱，以经营洋货买卖为主。他看到洋货在中国市场上相应的竞争品不那么多，消费者难以"货比三家"，因此，他的经营获得了高额的利润，而他的洋货市场也神不知鬼不觉地扩大了。

几年间，他赚了许多钱。随着资本的增多，哈同没有放缓自己追求，开始做买卖土地和放高利贷业务。他买入的土地往往从一些急于等钱用的人那里获得，所以他把价钱压得很低，卖主不得不就范。接着，他将低价买入的土地租给别人造屋，到一定年限后收回，这样连房产也归他所有了。另外，他自己也投资建造楼房供出租，从中获取惊人的利润。就这样，他成为了大富豪。

机不可失，失不再来。哲学家培根曾感慨地说："机会老人先给你送上它的头发，当你没有抓住再后悔时，却只能摸到它的秃头了。或者说它先给你一个可以抓的瓶颈，你不及时抓住，再得到的却是抓不住的瓶身了。"所以机遇来时，我们就要迅速地抓住它，尽快用行动滋养它，让它生根发芽蜕变为成功。

"千里之行，始于足下"。一个人如果想成就自己的梦想，计划措施，缜密策划等等固不可少。可是只有把在脑子的想法用自己的实际行动展现出来的时候，他才可能"笑傲江湖"。记住一句话：旁观者的姓名永远爬不到比赛的计分板上。

即使尚不足月，也胜于胎死腹中

在人的一生中，风险几乎无处不在，如影随形。只有那些乐于迎战风险的人，才有战胜风险、夺取成功的希望。贪恋蜷缩在温室中、保护伞下，并非人的惟一选择。妄想处于一个没有风险的世界，只能是海外奇谈。

不愿意冒风险的人，不敢笑，因为他们怕冒一些显得愚蠢的风险；他们不敢哭，因为怕冒一些显得多愁善感的风险；他们不敢暴露感情，因为怕冒露出真实面目的风险；他们不敢向他人伸出援助之手，因为怕冒被牵连的风险；他们不敢爱，因为怕冒不被爱的风险；他们不敢希望，因为怕冒失望的风险；他们不敢尝试，因为怕冒失败的风险……即使如此，你也必须要学会冒险，因为生活中最大的危险就是不冒任何风险。

鸵鸟在遇到危险的时候常常有掩耳盗铃的举动，把自己的头藏在沙土中获得心灵上的解脱。我们成年之后，虽然知道好多事情不能躲避，必须坚强面对，要冒风险，但还会在心底保留着那种逃避和寻求安慰的想法。其实，困难和风险也是欺软怕硬的，你强它就弱，你弱它就强。

你要时刻记得,最困难的时候,没有时间去流泪;最危急的时候,没有时间去犹豫,优柔寡断就意味着失败和死亡。

一个不冒任何风险的人,什么也不做,到头来,只会什么也没有,什么也不是。他们逃避了痛苦和悲伤,但他们也不能学习、改变、感受、成长和生活。他们被自己的态度捆绑着,是丧失自由的奴隶。

有些人心细如发,做事的时候都希望把风险降到最低,事事求保险,这当然无可厚非。但是有些时候,机会稍纵即逝,稍有犹豫就很可能错失良机。做任何事情都是有风险的,如果一味捡有把握的事情做,那么你的人生可能永远是碌碌无为的。

有些人一旦遇到了棘手的事情,就一定要去和他人商量。这种优柔寡断的人,既不相信自己,也不会被别人所信赖。有的人简直优柔寡断到了无可救药的地步,他们不敢决定任何一种事情,不敢担负起应负的责任。而他们之所以这样,是因为他们不知道事情的结果会怎样,究竟是好是坏,是吉是凶。他们常常对自己的决断产生怀疑,不敢相信他们自己能解决重要的事情。因为犹豫不决,很多人错失了成功的大好机会。

俗语说:"冒险越大,荣耀越多。"所以,对成功的人来说,犹豫不决、优柔寡断是一个最危险的仇敌,在它还没有对你施加影响,破坏你的机会之前,你就应该立即把这样的敌人置于死地。不要再犹豫,不要再思前想后,马上做出决定,就在现在。要逼迫自己迅速做出决策,不要在选择面前无所适从。

当然,对于比较复杂的事情,在决断之前必须从各方面来加以权衡和考虑,但是一旦打定主意,就决不要再更改,不再留给自己后退的余地。一旦决策,就要有破釜沉舟的勇气。只有这样做,才能养成坚决果断的习惯,既可以增强人的自信,同时也能博得他人的信赖。有了这种习惯后,在最初的时候,也许会做出错误的决策,但由此获得的自信等种种卓越品质,足以弥补错误决策可能带来的损失。即使冒险的尝试,也胜于胎死腹中的计划。

　　戈达德说:"《一生的志愿》是我在年纪很轻的时候立下的,它反映了一个少年人的志趣,其中当然有些事情我不再想做了,像攀登埃佛勒斯峰或当'人猿泰山'那样的影星。制定奋斗目标往往是这样,有些事可能力不从心,不能完成,但这并不意味着必须放弃全部的追求。""检查一下你的生活并向自己提出这样一个问题是很有好处的:'假如我只能再活一年,那我准备做些什么?'我们都有想要实现的愿望,那就别拖延,努力尝试去做,迟早会有成功的一天。"

　　敢于尝试的态度对于成功者来说是非常重要的。一个人对于生活的态度不是一成不变的,你可以设法改变你的态度。在你前进路途中的每一步上,你都肩负着一定的责任,因此,一定要树立一个正确的态度,始终坚持尝试。

想吃龙肉,就得提戟入海

　　要知道天上不会凭空掉下一个馅饼来,即使掉下来了,也不一定恰好落到你的头上。所以要获得"好运",就要发挥主动性,寻找到"馅饼"的落点,稳稳地接住它。

　　一个朋友曾讲过他和妻子的故事。从他讲的故事中能看到决心与精力的相互作用及其幸运的结果。

　　我和妻子离家的时候,家乡的情况很不好,但是我们发现新地方的情况也不好。这里有许多像我一样的人,没有合适的工作岗位。我在家乡受过良好教育,成绩优秀,获得了行医执照。但在这里我谁也不认识,根本不能指望病人找我看病。去医院求职更无望,因为从医学院毕业的高材生都很难在医院找到工作,当然别指望他们给我留个职位。我和妻子都很着急，我们有一点儿钱，可撑不了多久。但是，枯坐着干搓手无济于事。由于找不到工作，我们决定到乡下看一看。我们买了一辆旧车，开始上路。我们在旅途中的所见所闻令人高兴。乡下的情况比城里好，妻子说：为什么不当一名乡村医生呢？

我对她说："别心血来潮了，人们都对外地人存有戒心，我的口音这么重，怎能指望在这种地方做医生呢？再说，你一定清楚，每个镇子都有医生。"

可是，只要妻子有了想法，再劝说也没用。从那时起，每当我们停车休息，她都会对路过的人说：这个镇子需要医生吗？

当然，人们都以为她很怪，回答说不需要。我求她别问了。我说："求求你，这太让人难堪了。"可是她毫不在意。她是有目标必要达成的女人，要不然就不高兴。后来我甚至讨厌停车，因为人一靠近，她马上就会问：你们这儿需要医生吗？

几周后，妻子也有些灰心。一天，我们正在开车，我说："别说那些废话了。"她说："或许你是对的。"说完我们停下来休息。这时妻子与身边的人搭话。我还没来得及阻止她，她已经又提出那个老问题。让我惊讶的是，一个男人伸出头来说："你提这个问题，太有意思了。我们那个地方的老医师两天前刚得病死去，我们正想着尽快从外面请个医师来呢。"

妻子对我说："你看，机会来了！"于是，我们到这里跟当地人谈了谈，就开起了诊所。打那以后，一切都很顺利。我们交了许多朋友，再也不想搬家了。

馅饼不会从天上掉下来，等也永远不会等来，勇敢去争取才是获得成功的最快途径。实际上，只要你下定决心，积极地面对，主动出击，而不是消极等待，虽然可能会遭遇失败，但终究会抓到机会，交上好运。

创新变通的想法,会令你前途一片光明

现在社会追求创新,只会盲目苦干、固执蛮干、不懂得随机应变的人,只有重复没有前途。勤于运用自己的智慧,跳出思维定势,懂得另辟蹊径,出奇制胜,才能使我们更容易走向成功,创造奇迹,未来前景也会更光明,可以说灵活创新诠释卓越人生。

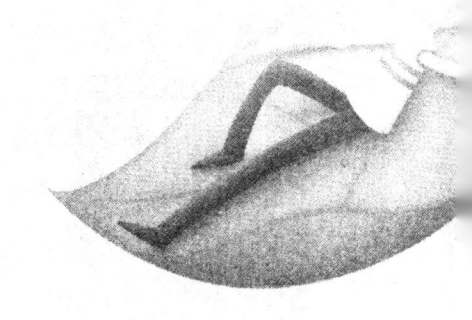

驴子只会围绕磨盘打转

以前，我们经常听到"没有功劳也有苦劳"、"他是我们单位里的一头老黄牛，尽管业绩不突出，但一直勤勤恳恳"之类的话。苦劳很容易让我们感动，勤奋努力也是我们要倡导的。然而，如果我们能巧干，为什么要苦干呢？如果我们得不到好结果，再好的过程又有什么用呢？在这个时代，那些光知道苦干、穷忙的人，已越来越难获得用人单位的认可，也很难取得好的成就。

法国科学家约翰·法伯做过这样一个著名的"毛毛虫实验"。

他找的这种毛毛虫有一种"跟随者"的习性，总是盲目地跟着前面的毛毛虫走。法伯把几只毛毛虫放在一只花盆的边上让它们首尾相连，围成一个圈。花盆周围不到15米的地方，撒了一些毛毛虫喜欢吃的松针。毛毛虫开始一个跟一个绕着花盆，一圈又一圈地走。时间一分一秒地流逝着，一天过去了，毛毛虫们还在不停地坚忍地沿着花盆打转。一连走了七天七夜，这几只毛毛虫终因饥饿和精疲力竭而死去。这其中，只要任何一只毛毛虫稍稍与众不同，便立时会摆脱困境，吃到美味可口的松针。

生活中，愚者又何尝不是如此呢？千百年来，多少愚者拉着生活这盘沉重无比的石磨，蒙着眼睛，围着一个圆圈，倔强而又勤劳地走着，忙碌而又悲哀。

带领蒙牛集团取得了惊人发展速度的牛根生，经常向蒙牛员工们强调这样的理念："一两智慧胜过十吨辛苦。"如果通过找到支点，利用一根杠杆就可以把巨石搬动，那么我们又何必花费大量的时间和物力去请人搬走它呢？勤奋只是成功的一个原因，甚至只是人的一种美德，却不应该被认为是我们取得成功的惟一条件。我们鼓励勤奋，我们更鼓励智慧的勤奋！成功者除了比一般人勤奋，还要比一般人更善于运用他们的智慧！

出来谋生的人，天底下到处都是，但结局却是迥然不同。有思想的人能开创自己的天地，没头脑的人依然重复着昨天。在这个讲效率的年代，蛮干是没有前途的，不管你多么用力。

跟着别人走，永远居于人后

在西方，有一则流传很久的小故事，很有趣味，其中蕴含的道理也很值得我们深思：

有一个人为了和情人约会，急匆匆地往希尔顿饭店跑去。另一个人也跟着跑了起来，这可能是个兴致勃勃的报童。第三个人，一个有急事的胖胖的绅士，也小跑了起来……10分钟之内，这条大街上所有的人都跑了起来。嘈杂的声音逐渐地清晰起来了，可以听清"大堤"这个词。"决堤了！"这充满恐惧感的声音，可能是电车上的一位老妇人喊的，或许是一个交通警察说的，也可能是一个小男孩说的。没有人知道究竟是谁说的，也没有人知道真正发生了什么事。但是2000多人都突然溃逃起来。"向东！"人群喊了起来——东边远离大河，东边安全。"向东去！向东去！"

这就是从众效应，所谓从众效应，是指个体受到群体的影响而怀疑、改变自己的观点、判断和行为等，以便和他人保持一致。对于这种行为要求的依据或必要性缺乏认识与体验，跟随他人行动的现象，在日常生活中通常表现为"随大溜"、"无主见"。在认知事物、判定是非的时候，多数人怎么看、怎么说，自己就跟着怎么看、怎么说，人云亦云；多数人做什么、怎么做，自己也跟着做什么、怎么做，缺乏独立思考的能力。

巴菲特在贝克夏·哈斯维公司1985年的年报中讲了这样一个故事：一个石油大亨正在向天堂走去，但圣·彼得对他说："你有资格住进来，但为石油大亨们保留的大院已经满员了，没办法把你挤进去。"

这位大亨想了一会儿后，请求对大院里的居住者说句话。这对圣·彼得来说似乎没什么坏处。于是，圣·彼得同意了大亨的请求。这位大亨拢起嘴来大声喊道："在地狱里发现石油了！"大院的门很快就打开了，里面的人蜂拥而出，向地狱奔去。

圣·彼得感到非常惊讶，于是请这位大亨进入大院并要他自己照顾自己。大亨迟疑了一下说："不，我认为我应该跟着那些人，这个谣言中可能会有一些真实的东西。"说完，他也朝着地狱飞奔而去。

在生活中，经常能听到这样的广告：你买我买大家买。一片轰轰烈烈。既然"大家"都买了，如果我还不赶快动手，岂不是要与时尚脱钩了？殊不知，正是这一味盲目地从众心理，却扼杀了一个人的积极性、判断力和创造力。曾听到过这样一种论断："一项新事业，在十个人当中有一两个人赞成就可以开始了；有五个人赞成时，就已经迟了一步；如果有七八个人赞成，那就为时太晚了。"一个缺乏主见和个性的人注定不会获得多么惊人的成功，至多是随大溜地获得一些小利益罢了。

牛津大学教授马蒂亚斯·夏尔曼也曾经说过："我们不是培养绵羊，而是培养有高度个性的人，这些人今后无论在什么形势下，都能做出正确的选择。"而这些选择的出现，证实了人要以他独特的标志开始耕耘属于自己的人生。

易卜生说："倘若你把整个世界弄到手，却丢了'自我'，那就等于把王冠扣在苦笑着的骷髅上。"世界上最可怕的事情就是迷失了自我。一旦在盲从中失去了自我，那么，无论如何也是换不来成功的。

别总相信人的眼睛是雪亮的，众人也有盲目的时候。看看留在历史上的那些有名有姓的人，几乎都是特立独行的代表，"宁肯抱香枝上老，不随叶舞秋风"。对人对事，我们不妨养成独立思考的习惯。

发动一场大脑革命

历史靠着什么进步？社会靠着什么发展？很大一部分就是靠人类永不停息的创新精神。如果我们一直遵循旧思维套路，一成不变，那么，恐怕人类现在仍然停留在原始社会呢！历史的潮流是如此，一个人的发展也是这样。

创新意识是人类发展的不竭动力，是事业成功的主要前提，也是追求成功的人士所必须具备的能力。创新能够使我们得到发展与进步，把事业推向辉煌。

创新就是用一种与众不同的、新颖的和敢于冒风险的方法和精神去解决所面对的问题，提出新思想、新认识，探索新规律、作出新发明，创造新成果、取得新成效，这些都是创新。

创新的最根本特点在于"新"，就是在思维方式方法上和实践过程中，具有开拓性和独创性。常规性思维是遵循固有的和普遍适用的思路和方法进行思维，重复前人、常人过去已经进行过的思维过程，思维的结论属于现成的知识范围。而创新需要思想活跃，不受陈旧的传统观念的束缚，注意观察研究新事物。这是有创新思维的人不满足于现状，常常会给自己提出各种疑难问题，勤于思考、积极探索、敢于创新。

无论古今中外，各行各业的成功人士身上都闪现着创新的夺目光彩，模仿永远成不了真正的大师。对每个人而言，知识是当今时代生存与发展的主要凭借，而创新不仅是时代的要求，更是持续发展、不断进步的真正源泉。因此，创新能力已经成为新时代人才成功素质的重要一条。

创新，有时候表现为看问题的新角度。有很多时候，人们甚至会说："这也算创新吗？原来我也知道呀！"但是，关键就在于你敢不敢想，愿不愿说，肯不肯做，虽然想起来很容易，但实际做出来却并不简单。

据说，哥伦布发现美洲后，许多人都不以为然，认为美洲就在那儿，哥伦布只不过是凑巧看到、发现了而已，其他任何人只要有运气，都可以做到。于是，在一次盛大的宴会上，一位贵夫人向他发难道："哥伦布先生，美洲就在那儿，我们谁都知道，您不过是凑巧先上去了呗！如果是我们去也会成功的。"

面对责难，哥伦布很镇静，他灵机一动，拿起了桌上一个鸡蛋，对大家说道："诸位先生、女士们，这里有一个鸡蛋，把它立在桌上很容易，请问你们谁能做到呢？"

大家面面相觑，不少人跃跃欲试，却一个个败下阵来。哥伦布微微一笑，拿起鸡蛋，在桌上轻轻一磕，然后鸡蛋就立在了那儿了。

哥伦布说："是的，就这么简单。发现美洲确实不难，就像立起这个鸡蛋一样容易。但是，诸位在我没有立起它之前，你们谁又做到了呢？"

哥伦布很聪明地说明了创新的难易问题，有时谜底一揭穿，其实非常简单。鸡蛋磕破了，谁都知道可以立在桌上，但是在没有人想到以前，又有谁做到了呢？因此，这就是一个创新，它是另一种看问题、另一个解决问题的途径。

"创新者无敌"这是许多成功人士自己总结的成功秘诀，是一生的智慧所在，虽然仅有5个字，可是却足够人受益无穷。

打乱固有思维

想别人没想到的，做别人没做到的，就要求你特别注意工作中的细节。也许某个不经意的举动，就可以使你灵光一现，便有所突破进而前途无量了。

在美国一个世界级的牙膏公司里，总裁目光炯炯地盯着会议桌边所有的业务主管。为了使目前已近饱和的牙膏销售量能够再加速增长，总裁不惜重金悬赏，只要能提出足以令销售量增长的具体方案，该名业务主管便可获得高达 10 万美元的奖金。

所有业务主管无不绞尽脑汁，在会议桌上提出各式各样的方案，诸如加强广告、更改包装、铺设更多销售点，甚至于攻击对手等等，几乎达到了无所不用的地步。而这些陆续提出来的方案，显然不为总裁所欣赏和采纳。所以总裁冷峻的目光仍是紧紧盯着与会的各位业务主管，使得每个人都觉得自己就像热锅上的蚂蚁一般。

在会议凝重的气氛当中，一个进到会议室为众人加咖啡的新加盟公司的年轻女职员无意间听到讨论的议题，不由得放下手中的咖啡壶，在大伙儿沉思于更佳方案的肃穆之中时，她怯生生地问道："我可以提出我的看法吗？"总裁瞪了她一眼，没好气地说："可以，不过你得保证你所说的，能令我产生兴趣，否则你随时准备走人。"

这个女孩儿微微地笑了笑，小声地说："我想，每个人在清晨赶着上班时，匆忙挤出的牙膏，长度早已固定成为习惯。所以，只要我们将牙膏管的出口加大一点，大约比原口径多 40%，挤出来的牙膏重量就多了一倍。这样原来每个月用一支牙膏的家庭，是不是可能会多用一支牙膏呢？诸位不妨算算看。"

总裁细想了一会儿，率先鼓掌，会议室中立刻响起一片喝彩声，那个年轻女职员也因此而获得了奖赏,并得到了升迁。

工人李小庆也是一个在细节中求创新的人。李小庆在工厂劳动时经常看到,由于大部分零件的精密度都非常高,为了防止零件生锈,工人们都必须戴手套进行操作,而且手套必须套得很紧,手指头也要能灵活自如,这样一来,戴上脱下相当麻烦不说,手套还很容易弄坏。

为此,他常想,难道只能戴这样的手套吗?能不能改进一下?

有一天,李小庆在帮妹妹制作纸质手工艺品时,手指上沾满了糨糊。糨糊快干的时候,变成了一层透明的薄膜,紧紧地裹在手指头上,他当时就想:"真像个指头套,要是厂里的橡皮手套也这样方便就好了!"

第二天清早醒来,李小庆躺在床上,眼睛呆呆地望着天花板,头脑里突然想到:可以设法制成糨糊一样的液体,手往这种液体里一放,一双柔软的手套便戴好了,不需要时,手往另一种液体里一浸,手套便消失了,这不比橡皮手套方便多了吗?

他将自己的这一大胆想法向公司做了汇报,公司领导非常重视,马上成立了一个研究小组,把李小庆也从生产车间调到了这个组里。经过大家反复研究,终于发明了一种"液体手套"。使用这种手套时只需将手浸入一种化学药液中,手就被一层透明的薄膜罩住,像真的戴上了一双手套,而且非常柔软舒适,还有弹性。不需要时,把手放进水里一泡,手套便"冰消瓦解"了。"液体手套"一经推出,就深受欢迎。李小庆在细节中求创新的行为终于得到了应有的回报。

在工作中,许多员工抱着坚守岗位的态度,一切因循守旧,缺少创新精神,认为创新是老板的事,与己无关,自己只要把分内的工作做妥即可,舍此无他。这种思想实在是要不得的。要知道,谁也不比谁强,谁也不比谁差,你所拥有的,别人同样也可能拥有。如何才能突围而出、高人一等?惟有打破常规,改变思维定式。社会所需要的也正是这种敢于突破时代和历史的英才。

不能让习惯成自然

　　美国加州有一个小牧童，小学毕业后，由于家境贫寒，被迫辍学，只能替别人牧羊，以赚取微薄的收入来补贴家用。牧童虽然辍学了，但极其想读书的愿望却一直留在他心里。残酷的现实一次又一次地将他的希望之火扑灭，于是，牧童决定自学并发誓以后也做一个大牧场主。

　　有了现实的目标，牧童便开始了切实的准备。他只要看到有书，不管是传记还是小说，他都把羊赶到一块草地肥沃的山坡上吃草，然后一个人静静地看起书来。

　　然而此后的麻烦也随之而来。羊圈的栅栏是用几根木桩围上几圈铁丝做成的，不够牢固。牧童由于太专注于书本，使得羊群总是随意行走，还毁坏了附近的庄稼。雇用他的牧主不止一次为此事大发脾气。

　　牧童只得想个办法来改变现状，既能让羊不乱跑，又能使自己安心地读书。他开始反复琢磨使用一种不易被羊群顶坏的栅栏。突然间，牧童意外发现用蔷薇围起来的栅栏从来没有被羊群损坏过，哪怕它是那样的脆弱，而围着粗铁丝的地方总是被羊群撞坏。细想之后，牧童找到了其中的原因。

　　原来是由于蔷薇有刺，所以羊群都不敢贸然侵犯，要是全都用它来围栅栏，那不是就一切都解决了吗？于是，牧童找来了许多蔷薇，把它们种植在栅栏附近。但不久，他就停了下来。因为，要把数百平方米的围栏都密密地种上蔷薇太费事了，而且要等到蔷薇长成，并围成栅栏至少得要四五年的时间！

　　几天后，牧童想到了一条抄近路的办法。起先，他想过把蔷薇缠在铁丝上，但因蔷薇刺很快会枯萎而放弃了。于是，牧童就想到把铁丝剪成5厘米长，缠在围栏上，再把铁丝的两端剪成尖刺状。这样做起来既快又容易，一天就能完成。

往后的日子里，羊群还是想出去，但由于忍受不了刺痛，都纷纷退却。

就这样，牧童抄近路发明了带刺的铁丝，并取得了发明专利。他很快筹集了一笔资金，开办了一家小工厂夜以继日地生产这种带刺的铁丝。一些投资者看到这种东西很受牧场主的欢迎，都纷纷想给牧童投资。不久，牧童又把这个发明加以改进，使其效果更佳。随后，各地的订单也接连不断，使得牧童不得不扩建工厂并增添设备。此时，他生产的带刺铁丝不仅供牧场使用，也被一些家庭作防盗用，广受欢迎。不久，带刺的铁丝网便风行世界。

有时，成功并不因你遵循固定的模式去刻意地埋头苦干而光顾你。事实上，在你奔向成功的道路时，还需要讲究一些技巧，找一种抄近路的方法，这样可以避免困难的干扰，而且又能尽快达到目的。

也许你难以相信，一个一贫如洗的牧童，当初只是为了省下精力去读书而发明了"带刺的铁丝"，后来竟使他获得了如此巨大的财富。在面临一些事情时，惯性思维通常会不知不觉地左右人们做出草率的决定，因此，有许多美丽的风景就被轻易地错过了。到头来，看不见人生中最神奇的一面。

很多彷徨中的人当有一番雄心壮志时，会习惯性地告诉自己，算了吧，想得未免太过分了，我只是一只小锅，煮不了大鱼。其实，这些人知道自己在人生中应该做些什么，可就是迟迟没有行动，这其中的根本原因就是没有打破局面。

当你感到"山重水复疑无路"时，换一换思维方式，跳出惯性思维，你马上会找到一条新的道路，一个新的目标，一种"柳暗花明又一村"的境界。

善出奇者，无穷如天地

结果是检验事情成败的惟一标准，所以，办事情必须讲究策略和方法。这里的策略和方法并非是指耍什么阴谋诡计，而是说尽量用最佳策略和方法来争取最佳结果。这个策略和方法越是简单、有效，就越有杀伤力。

我们在办事中要做到有把握，就必须知彼知己。孙子说："不知彼而知己，一胜一负；不知彼，不知己，每战必败。"我们无论办任何事均应做好事前的调查工作，冷静客观地认清双方的具体情况，才能获胜。

虽说把握胜算，然而经济活动是人与人之间的战争，所以不可能有完全的胜算。因为其中包含着许多人为的因素，诸如情感因素等，所以不可能有完全的胜算，无法确实地掌握。不过，至少要有七成以上的胜算，才可进行计划。

军事上讲：不打没有把握的仗。同理，我们办事也不要办没把握的事，因为，办有把握的事，才会有胜算；办有把握的事，成功的几率才会更大。

要想达到办事成功的目的，就必须有一点绝招，见人之所未见，行人之所未行，方可达到出奇制胜的目的。

知不出众知，不算高明；用众所周知的办法取胜于人，也不算有本事。你能举起一根毫毛，不能说有力气；能看见太阳和月亮，不能说有眼力；能听到轰隆的雷声，不能说耳朵比别人灵。会办事的人，总是先人而出，先人而动，出奇制胜。

有个犹太商人，他把独生子鲁特送到外国去读书。不久这个犹太商人突然病倒了，在弥留之际，他立下遗嘱，把家中所有财产都转让给了长期服侍自己的贴身奴隶。不过如果他的儿子鲁特要财产中的哪一件，奴隶须毫无条件地满足他。商人死了以后，奴隶很高兴。他披星戴月赶往国外，找到小主人，把老爷临死前立下的遗嘱拿给他看，鲁特看了以后十分伤心。

安葬好父亲后，鲁特一直在心里盘算自己应该怎么办。最后，他跑去找一个叫罗德曼的朋友，向他说明了情况。罗德曼听了以后说："你的父亲非常聪明，而且非常爱你。"鲁特不满地说："把财产全部送给奴隶的人还谈得上什么聪明，简直是愚蠢。"

罗德曼叫鲁特多动动脑子，只要想通了父亲希望他要的东西是什么。罗德曼告诉他："你父亲非常清楚，自己死后，身边没有一个亲人，奴隶可能会带着自己辛苦挣来的遗产逃走，说不定连招呼都不打。所以，你父亲才在你不在身边的情况下使用了这种把全部遗产保护下来的办法。"可是，鲁特还是无法明白，既然都送给奴隶了，保管得再好，对他又有什么好处。

罗德曼见鲁特死不开窍，只好实话实说："奴隶的财产全部属于主人，这你是应该知道的。你父亲不是给你留下了一样财产吗？你只要选那个奴隶就行了。这是多么精明的想法呀！"

鲁特终于明白了父亲的良苦用心。原来，父亲使用了一个权宜之计，遗嘱中所给予奴隶的一切用一个"但是"作为前提，把奴隶美好的一切都变成了梦幻泡影。这个"但是"是这个犹太商人所立遗嘱的关键。

智慧的犹太商人正是利用此招数成功地保住了自己的财产，他的做法很值得我们学习和借鉴。因此，办事情的时候，只要心中有把握，再加上头脑中有出奇制胜的方法，事情就一定能够办成。

我们在办事时，蕴含着很多的技巧，其中出奇制胜就是其中之一。出奇制胜需要一颗灵活的头脑。有人曾经说过，所有成功的秘密就在于对你身边的一切保持高度关注，调整自己以适应周围的环境；意识到时机资源的宝贵，在适当的时间里说别人想听的话和需要听的话；仅仅处理好事情是远远不够的，还需要在适当的时间和适当的场合去处理。出奇制胜是敏锐的洞察力以及在紧急时刻快速反应能力的综合产物。

人可穷，心不能穷

这是一名"独一无二的乞丐"的故事：

18岁那年，我和好朋友布让同时被父母踢出家门，我俩发誓要父母"好看"。布让浩浩荡荡地开始挨家挨户擦窗洗车、送外卖。而我，看着豪宅内的父母一肚子委屈，摸摸兜，退一步海阔天空吧！可我真不愿擦窗，不愿出臭汗，不愿……我很懒。

懒不等于笨，这世界上无非就两种生意：产品和服务，我精心琢磨如何做起"产品"生意。我能卖什么产品呢？数数钱，最好卖什么信息。卖什么信息呢？思来想去，我发现自己最大的优点是幽默，于是我决定卖笑话！人们工作一天累了，肯定喜欢听我讲笑话。

于是，我在蒙特利尔商业繁华街上立了块纸牌："25美分，讲笑话给你听。"我坐在那里忐忑不安，肚子里的"产品"只有3个笑话，得将它们反复卖出去。街上的行人走过去，偶尔瞟我一眼。我浑身冒汗，有些心虚，觉得自己卖"笑话"的想法有些愚蠢。突然，一个商人扔给我几枚硬币："OK，给我讲一个笑话。"我边讲边祈祷他快笑，没想到他真笑得前仰后合，笑得我信心倍增！接下来一个小时内，我摩拳擦掌"笑"对来客，几乎每4分钟卖出一个笑话，一下赚了20美元！

第二天，我做了更大的牌子挂在胸前，开始在几条繁华街流动

"推销"。结果每小时可以赚进 40 美元！卖了一周笑话后，我赚到足够的钱搬到多伦多去，将生意发展到别的城市去！那里有更多的繁华步行街和华丽餐厅酒店，我制订了"笑话生意"扩展计划：一、为不同类型的人准备不同的笑话；二，把笑话收集起来复印好，卖 50 美分一张。

客人比以前急速增多。我每小时能赚到 80 美元，卖笑话纸一天也卖出 200 多份！我去政府注册交税，但政府对这种生意"闻所未闻"，我只好勉强做着不交税的生意。警察经常会阻止非法经营者，但对我束手无策，因为我会用笑话"行贿"，没人拒绝得了欢乐。

金钱滚滚而来，我在多伦多出了名。大量客人前来寻找"讲笑话的人"，电视台将我搬上荧屏，加拿大权威报纸把我的大笑脸放在头版，报道标题："独一无二零点投资的好生意！"我高兴得乐翻天——能上那家报纸的头版，必须是政界名人或巨商富贾！奶奶看了报纸后，气得说父亲把我逼成了乞丐。

我不是乞丐，我是在用自己的大脑创造财富，我的"财富"为很多人带来了欢乐，我为自己的独立感到骄傲。

别等着财富来找你，主动去"创造"财富吧！因为很多人大脑里都有"魔法盒"、都有灵光乍现的好主意，但很多人总是想想就放弃了，最终没去做，好点子也被浪费掉了。何不试着把你的创意实践起来，说不定它能带来财源滚滚。

如果打错方向盘，请马上踩下刹车！

学会放弃一些目标，就是知道自己在摸到一手坏牌时，不要再希望这一盘是赢家，懂得撒手，不要再去浪费自己的精力。当然，在牌场上，有很多人在摸到一张臭牌时会对自己说，这盘肯定要输了，干脆不管它了，抽口烟、喝点水、歇口气，下盘接着来。但是，在真实生活中，像打牌时这般明智的人，却很少找到。

选方向是有一定条件的，当你陷进泥塘时，就应及时地爬起来，远远地离开那里。有人说，这个谁不会啊！而事实上，不会的人多了。比如，一个不适合自己的企业，一堆被套牢的股票，一场"三角"或"多角"恋爱，或者是个难以实现的梦幻……

在这样的境遇里，你再怎么挣扎也无济于事，真正聪明的做法就是调整方向重新再来。而生活中不同的人在这样的泥塘里是怎样想的？他们会想，让人家看见我爬出来一身污泥多难为情呀；会想，或许这个泥塘是个宝坑呢；还会想，泥塘就泥塘，我认了，只要我不说，没人知道！甚至会想，就是泥塘也没关系，我是一朵荷花，亭亭玉立，可以出污泥而不染……有这些想法的人只能证明他们自己是自欺欺人的傻瓜。

也许有人会说，这有什么难懂，谁也不是傻子。

不过在现实生活中确实有一些人在做着无谓的斗争与努力，就像是已经坐了反方向的公共汽车，还要求司机加快速度一样。有人劝他还是停止的好，重新去选择该走的方向，他还振振有词，自己不愿意下车。由此，努力向售票员证明是他的错，是他没有阻止自己登上汽车，还努力说服司机改变行车路线，教育他跟着自己的正确路线前进；还因此下决心毁了这辆汽车，因为毁了一个错误也是件伟大的事业；于是说坚持坐到底，因为在999次失败后也许就是最后的成功……

人生道路上，我们常常被激昂而光彩的语汇弄昏了头，以不屈不挠、百折不回的精神坚持死不认输，从而输掉了自己！选对出击方向，这应该是最基本的用兵之道和生活常识，泥塘教过我们，蚊子和狗也教过我们，只是我们一离开这些老师，就不愿从上错了的车上走下来。

学会放弃一些目标，就是上错了公共汽车时，及时地下车，另外坐一辆车。其实，你从一辆坐错了的车上下来没有什么不好，因为，当你再次选择的时候，也许能找到了空的位子，自己更舒服，远比朝着一个错误的方向一直走下去强很多。

　　在人生的道路上，我们随时都会碰上激流和险滩。如果我们低下头来，看到的只会是险恶与绝望，在眩晕之中失去了生命的斗志，使自己坠入地狱。而我们若能抬起头来，看到的则是一片辽阔的天空，那是一个充满了希望并让我们飞翔的天地，我们便有信心用双手去构筑出一个属于自己的天堂。

　　选错方向是生活乐曲中不可缺少的音符，有了它，生活的乐曲才会抑扬顿挫，才会华美。英国的伟大诗人弥尔顿，最杰出的作品是在双目失明后完成的；德国的伟大音乐家贝多芬，最杰出的乐章是在他的听力丧失以后创作的；世界级小提琴家帕格尼尼是个用苦难的琴弦把天才演奏到极致的奇人。被称为"世界文化史上三大怪杰"的三个奇人，居然一个是瞎子，一个是聋子，一个是哑巴！他们之所以有那样的成就，正是因为他们有一颗平常心，处于逆境而不屈服。

　　不要再感叹自己的命运，命运向来都是公正的，在这方面失去了，就会在那方面得到补偿。当你感到遗憾失去的同时，可能有另一种意想不到的收获。但是，前提是你必须有正视现实、改变现实的毅力与勇气。

　　一位成功者说：苦难本是一条狗，生活中，它不经意就向我们扑来。如果我们畏惧、躲避，它就凶残地追着我们不放；如果我们直起身子，挥舞着拳头向它大声吆喝，它就只有夹着尾巴灰溜溜地逃走。只要你拥有对生命的热爱，苦难就永远而且只能是一条夹着尾巴的狗！

　　哈得森23岁时因车祸失去了左腿之后，他依靠一条腿精彩地生活，成为全世界跑得最快的独腿长跑运动员；30岁时，厄运又至，他遭遇生命中第二次车祸。从医院出来时，他已经彻底绝望——一个四肢瘫痪的男人还能干什么呢？

　　哈得森开始吸毒，醉生梦死，可是这不能拯救他，一个寂静的夜晚，痛苦的哈得森坐着轮椅来到阿里赛道，忽然想起自己曾在这里跑过马拉松。前路还远，生命还长，他就这样把自己放逐？不！他惊醒过来:"四肢瘫痪是无法改变的事实,我只能选择好好活下去!我才33岁,还有希望。"

哈得森坚定意志,开始了他的下一步人生。现在,他正在攻读哲学博士学位,并且一直帮助困苦的人解决各种心理问题,以乐观的笑容,给那些逆境中的人们送上温暖和光明。

在一本名为《二十多岁的青年必须尝试的50件事》的书中,作者中谷章钊忠告日本20多岁的新生族们为了30岁时事业的成功,40岁时便能登上事业的巅峰,要从现在开始做一个"勇往直前、经历无数次失败而百折不挠的人"。他认为,在人生的道路上,为追求真正属于自己的生活而竭尽全力、饱尝辛酸和痛苦的人生才是美丽的人生。

人生失意的时候,切莫自暴自弃,只看到失败,却听不到咫尺之遥成功正在向你大声呼喊,自己打败自己才是最彻底的失败。而在人生得意之时,切忌得意忘形,盲目乐观,而忘记了日中则仄,月满则亏的道理。当功成名就,显赫日盛之时,我们更需要从意气风发中清醒地退出,从辉煌趋于平淡。

人生需要目标,但这个目标必须是合理的。如果选错了方向,那么,即使你再有本事,付出千百倍的努力,也不会获得成功。这个时候,过度坚持就会使你一败涂地,适时放弃就是进步。

坚持不等于偏执

坚持是一种良好的品性,但在有些事上,过度的坚持,会导致更大的浪费。

有人认为:如果没有成功的希望,屡屡试验是愚蠢的、毫无益处的。物理上的永动机,就使很多人投入了毕生的精力,浪费了大量的人力物力。因此，在一些没有胜算把握和科学根据的前提下，应该见好就收，知难而退。

牛顿早年就是永动机的追随者。在进行了大量的实验之后，他很失望，但他很明智地退出了对永动机的研究，在力学中投入更大的精力。最终，许多永动机的研究者默默而终，而牛顿却因摆脱了无谓的研究，在其他方面脱颖而出。

在人生的每一个关键时刻，审慎地运用智慧，做最正确的判断，选择正确的方向，同时别忘了及时检视选择的角度，适时调整。放掉无谓的固执，冷静地用开放的心胸做正确抉择。每次正确无误的抉择将指引你走在通往成功的坦途上。

有的人失败，不是没有本事，而是选错了目标，成功者为避免失败，会时刻检查目标是否合乎实际，合乎道德。

阿尔弗莱德·福勒出身于贫苦的农民家庭，成年后，他虽然努力却失去了三份工作。之后，他尝试推销刷子，他立刻明白了，他喜欢这种工作。他将思想集中于从事世界上最好的销售工作。

他成了一个成功的销售员。在攀登成功的阶梯时，他又定下一个目标：那就是创办自己的公司。如果他能经营买卖，这个目标就会十分适合他的个性。

阿尔弗莱德·福勒停止了为别人销售刷子。这时他比过去任何时候都更为兴高采烈。他在晚上制造自己的刷子，第二天就出售。销售额开始上升时，他就在一所旧棚房里租下一块空间，雇用一名助手，为他制造刷子。他本人则集中精力干销售。10年过去了，福勒制刷公司已经拥有几千名销售员和数百万美元的年收入！

一个人要想获得事业上的成功，首先要有目标，这是人生的起点。没有目标，就没有动力，但这个目标必须是合理的，即合乎实际情况和客观规律、合乎社会道德的，如果不是，那么，即使你再有本事，付出千百倍的努力，也不会获得成功。所以，当你痴迷一项事业却找不到成功的入口时，不妨停下来仔细看看方向是不是对了，否则无谓地坚持，只会浪费你的人生。

做人别做"榆木疙瘩"

有的人追求飞蛾扑火的壮烈，以为那是一种执著的美。扑火的一瞬间，飞蛾毅然决然，但终究还是化为灰烬。生活中我们会遇到很多难题，只有懂得变通才是最好的解决之道。

现代社会是个瞬息万变的世界，你永远不知道下一秒钟会发生什么变化，所以我们就必须具有临危不惧的头脑和以静制动的思想，不能随波逐流，飘摇不定。不过，我们也必须具备随机应变的能力和灵活作战的方式，只有这样才能不被淘汰。

人的一生少不了一种叫做执著的精神，或者说是一种信念，但是，现实生活和世界的纷繁复杂和多变让我们意识到：其实机智灵活的变通往往比执著更能获得"完美"。

适时的变通往往需要一种灵活而又迅速的转变来挣脱规则的束缚，否则我们若一味地钻牛角尖，结果只能是陷入其中而不能自拔，所以，这就要求我们要真正地开阔思维，寻找多种渠道来解决问题。

一个林场主从父亲那里继承了大片的林场，每天驾车穿梭于林场中，他都万分欣喜地看着这些能给他带来大笔财富的森林。然而，一场无情的大火把一棵棵百年树木变成了焦木，他失魂落魄地走在街上，发现许多人排队购买木炭取暖。他灵机一动，把焦木加工成木炭销售，结果获得了大笔财产。

聪明的农场主在苦心经营的林场成为焦木时，没有盲目地执著种树，而是利用焦木获得大量财富。这一指间的变通让他重获财富。

变通能带来成功，转机能给人以新生。"变则通，通则久。""历史是不断运动变化发展的，我们要用发展的观点看问题，使思想和实际相符合。"这是马克思的辩证法给我们的科学真理。

如果我们缺少了变通，一味地执著，或许我们也可称这种行为是蛮干，这种"执著"往往使人身陷困境并湮没于困境，对国家和社会生活也会造成不可估量的损失。

生命的长途中有平坦的大道也有崎岖的小路；有春光明媚万紫千红，也有寒风凛凛万木枯萎。在生命的寒冬里我们需要执著，然而当面前就是万丈深渊之时还固执前行就意味着死亡。而变通则会让你重获新生。

商鞅变法为秦统一奠定了基础；唐太宗、唐玄宗的变法改革于是有了开元盛世，有了贞观之治；日本的明治维新使日本迅速发展。而清朝的闭关锁国、固步自封则使清朝严重落后于世界历史的潮流，造成中国沦为半殖民地半封建社会，造成了大量财产被帝国主义侵占，造成了中国人民的屈辱史和血泪史。

因此，人的一生不能缺少执著，更不能缺少变通；只有突破思维的束缚，我们才能正确地看待和评价事物的是与非，才能在理想的道路上执著而又灵活平稳地前进。当我们真正地将"变通"和"执著"融合，真正获得思维的解放，或许我们会得到更多。

一个人需要变通来获得成功，一个企业需要变通来获得效益，一个民族需要变通来获得发展。变通就在你不经意的一瞬间，就在你明白它的时刻，变通会让你"山重水复疑无路，柳暗花明又一村"。

谋定后动的想法,能使你运筹帷幄

做事能够三思而行,谋定后动,就可以避免很多麻烦,也可以少走一些冤枉路。选择正确,才能从容不迫、做得正确。做任何事情,有了周密的安排,然后按部就班地去做,就能应付自如,不会手忙脚乱,才能像谢安那样,在淝水之战的紧张时刻,还保有下棋的闲情逸致;才能拥有"泰山崩于前而色不变、麋鹿兴于左而目不瞬"的沉稳。

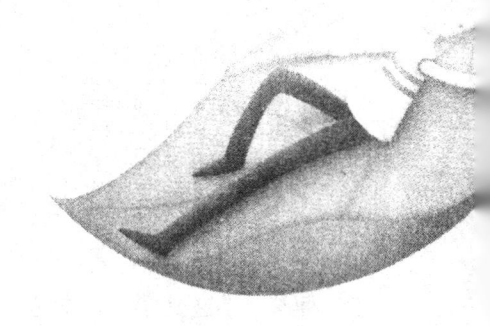

事因谋而成，因不谋而败

《孙子兵法》中有一句话极其深刻，即"多算胜，少算不胜，而况与无算乎？"它告诉我们这样一个道理：做任何事之前，必须先在脑中谋算清楚才好出手，切忌盲目冲动，不能毫无计划地蛮干。再者，还要注意"多算"与"少算"的关系——越充分谋划，越周密推算，越能赢得胜利；反之，就可能招致惨败。做事之时，我们必须明白"谋"字的重要性，即不谋事无以成事。

汉高祖刘邦在平息了梁王彭越的叛乱和杀死韩信后不久，曾为汉朝天下的建立作出重大贡献的淮南王英布兴兵反汉。刘邦向文武大臣询问对策，汝阳侯夏侯婴向刘邦推荐了自己的门客薛公。

汉高祖问薛公："英布曾是项羽手下大将，能征惯战，我想亲率大军去平叛，你看胜败会如何？"

薛公答道："陛下必胜无疑。"

汉高祖道："何以见得？"

薛公道："英布兴兵反叛后，料到陛下肯定会去征讨他，当然不会坐以待毙，所以有三种情况可供他选择。"

汉高祖道："先生请讲。"

薛公道："第一种情况，英布东取吴，西取楚，北并齐鲁，将燕赵纳入自己的势力范围，然后固守自己的封地以待陛下。这样，陛下也奈何不了他，这是上策。"

汉高祖急忙问："第二种情况会怎么样？"

"东取吴，西取楚，夺取韩、魏，保住敖仓的粮食，以重兵守卫成皋，断绝入关之路。如果是这样，谁胜谁负，只有天知道。"薛公侃侃而谈，"这是第二种情况，乃为中策。"

汉高祖说："先生既认为朕能获胜，英布自然不会用此二策，那么，下策该是怎样？"

薛公不慌不忙地说："东取吴，西取下蔡，将重兵置于淮南。我料英布必用此策——陛下长驱直入，定能大获全胜。"

汉高祖面现悦色，道："先生如何知道英布必用此下策呢？"

薛公道："英布本是骊山的一个刑徒，虽有万夫不挡之勇，但目光短浅，只知道为一时的利害谋划，所以我料到必出此下策！"

汉高祖连连赞道："好！好！英布的为人朕也并非不知，先生的话可谓是一语中的！"

汉高祖于这一年（公元前196年）的10月亲率12万大军征讨英布，他戎马一生，南征北战，也深谙用兵之道。双方的军队在蕲西（今安徽宿县境内）相遇后，汉高祖见英布的军队气势很盛，于是采取了坚守不战的策略，待英布的军队疲惫之后，金鼓齐鸣，挥师急进，杀得英布落荒而逃。英布逃到江南后，被长沙王吴芮的儿子设计杀死，英布的叛乱以失败而告终。

汉高祖在战前听取谋士的意见，懂得对决定战争胜负的各种条件进行充分的谋划计算，料敌在前，作出正确的决策，所以能在战争中避免失误而稳操胜券。而英布虽然有万夫不挡之勇，却目光短浅，不懂得深谋远虑，只顾一时利益、安稳，自然被刘邦打得落花流水，只能成为手下败将。

"不谋全局者不足以谋一域，不谋万世者不足以谋一时"。人活着，不论是生活还是工作上，都会不断地遇到新的问题，在处理问题时，如果凡事不动脑筋先想一想，在没有充分考虑有利条件和不利条件的情况下就莽撞行事，必然碰壁，遭遇挫折，甚至留下后患。而如能事先全面考量，做到心中有数，计划周全，就容易完美解决问题。所以说，凡事应三思而后行，不谋事无以成事。

有了方向，才能确定往哪儿走

在我们所接触的人中，有80%人不满意他们的生活，但他们心中又缺少一个他们所满意的生活的清晰图样。结果，人生往往潦倒，他们心怀不满、抱怨、反抗，但是对于自己真正想要什么，并没有一个非常明确的目标。

你是否现在就能说出你想在生活中得到什么？你认为自己能够得到其中几项？需要你付出怎样的代价？确定适合你的目标可能是不容易的，它甚至会包含一些痛苦的自我考验。但无论付出什么样的努力，这都是值得的，因为只要你一说出你的目标，你就能得到许多好处，而且这些好处几乎不请自来。

一个人若能热切地设想和相信什么，就能以积极的心态去完成什么。

邦科是某杂志社的一名编辑。他小时候就沉浸在这样一种想法中：总有一天他要创办一种杂志。树立这个明确的目标之后，他就开始寻找各种机会。而且他终于抓住了一个机会，虽然它是如此微不足道，以致大多数人都不肯多加理睬，随手丢弃。

事情的经过是这样的：他看见一个人打开一包香烟，从中抽出一张纸片，随手把它扔到地上。邦科弯下腰，拾起这张纸片。上面印着一个著名的好莱坞女演员的照片，在这幅照片下面印有一句话：这是一套照片中的一幅。原来这是一种促销香烟的手段，烟草公司欲促使买烟者收集一整套照片。邦科把这个纸片翻过来，注意到它的背面竟然完全是空白的。

像往常一样，邦科感到这儿有一个机会。他推断，如果把附装在烟盒子里的印有照片的纸片充分利用起来，在它空白的那一面印上照片上的人物的小传,这种照片的价值就可大大提高。于是,他找到印刷这种纸烟附件的平板画公司,向这个公司的经理说明了他的想法。这位经理立即说道:"如果你给我写100位美国名人小传,每篇100字,我将每篇付给你3美元。请你给我送来一份你准备写的名人的名单,并把它分类,你知道,可分为总统、将帅、演员、作家等等。"

这就是邦科最早的写作任务。他的小传的需要量与日俱增,以致他必须得请人帮忙。于是他要求他的弟弟迈克尔帮忙,如果迈克尔愿意帮忙,他就付给他每篇50美分。不久,邦科又请了几名职业记者兼职帮忙写这些名人小传,以供应一些平板画印刷厂。就这样,邦科竟然真成了杂志的编者!他圆了自己的梦!

现在回过头来看,起初,命运对邦科并不是特别眷顾。然而他并没有抱怨,而是抓住机会做出了令人满意的事业。所以,我们要注意到这个事实,没有什么人会把成功送到我们手里,任何获得了成功的人,都首先有渴望成功的心态,并且付诸了行动。

如果邦科的成功或多或少是靠机遇的话,那么另一个人的成功则将给我们更多的启示。

几年前,南卡罗来纳州一个高等学院早早地通知全院学生,一个重要人士将对全体学生发表演说,她是美国整个社会的绝对顶级人物。

那个学校规模不大,学生和师资相对其他美国的学校稍差一点,因此能邀请到这样一个大人物学生都感到特别兴奋,在演讲开始前的很长时间,整个礼堂就都坐满了兴高采烈的学生,大家都对有机会聆听到这位大人物的演说高兴不已。经过州长的简单介绍后,演讲者步履轻盈面带微笑地走到麦克风前,先用坚定的眼光从左到右扫视一遍听众,然后开口道:

"我的生母是个聋子,因此没有办法和人正常地交流,我不知道自己的父亲是谁,也不知道他是否在人间,我这辈子找到的第一份工作,是到棉花田里去做事。"

台下的听众听了全都呆住了,面面相觑。这时,她又继续说:"如果情况不尽如人意，我们总可以想办法加以改变。一个人的未来怎么样，不是因为运气，不是因为环境，也不是因为生下来的状况。"她轻轻地重复方才说过的话："如果情况不尽如人意，我们总可以想办法加以改变。一个人若想改变眼前充满不幸或无法尽如人意的情况，只要回答这个简单的问题：'我希望情况变成什么样？'然后全身心投入，采取行动，朝理想目标前进即可。"

"这就是我，一位美国财政部长要告诉大家的亲身体验，我的名字是阿济·泰勒·摩尔顿，很荣幸在这里为大家作演说。"

简短的演说留给人们的却是深深的思考。一个人的出生环境无法改变，但他的未来却可以靠自己的努力谱写，关键是你要一个什么样的未来，为自己设定一个明确的目标，并付诸行动，用积极的心态去面对可能出现的各种困难，每个人的未来都会很精彩。

选择比方法更重要

我们经常说，态度决定一切，做事就要有正确的态度，没有正确的态度，将一事无成。但做事更要有选择性，不能什么事都做，一定要选择做合乎你特性的事，也就是正确的事。

对每个人来说，天赋是重要的，拥有了天赋就成功了一半。天赋就是自己最擅长的事，所以在自己最擅长的领域奋斗和拼搏，更容易出成果。一般来说，人们更倾向于喜欢做自己最擅长的事，做自己擅长的事情会让你获得十足的成就感。所以，我们要懂得利用好自己的天赋。古今中外许多著名人物的成功都告诉给了我们这一点。

大多数人在某些特定的方面都有着特殊的天赋和过人的潜力，即使是看起来很笨的人，在某些特定的方面也可能有杰出的才能。雨果各方面都很平庸，但在写作方面是个天才；爱因斯坦做不出一个好板凳，却可以提出相对论；柯南道尔作为医生并不出名，写小说却名扬天下……

每个人都有自己的特长和天赋，要认清自己最真正的才能和限度，既不轻视自己，也不要高看自己，而是用正面的心态看清自己。从事与自己特长相关的工作，更容易取得成绩。而如果你抛弃了自己最重要的竞争优势，往往会使你耗费更多的力气、更多的时间才能拥有成功，甚至即使十分努力，也会南辕北辙，走向失败。

阿西莫夫是一个科普作家，同时也是一个自然科学家。一天上午，他在打字机前打字的时候，突然意识到："我不能成为一个第一流的科学家，但我文笔不错，又有丰富的科学知识，可以成为一个第一流的科普作家。"于是，他几乎把全部的精力放在科普创作上，终于成了当代世界最著名的科普作家。

伦琴原来学的是工程科学，在老师孔特的影响下，他做了一些有趣的物理实验。这些试验使他逐渐体会到，物理才是最适合自己的事业，于是他改变了志向，后来他果然成了一名卓有成就的物理学家。

每人每天都需要做事，所做事可能是大事，也可能是小事，可以是公事，也可能是私事，有的事是有意义的，也有的事可能是无意义的。如果毫无选择，只追求正确，那么就会做很多无意义的、形式上的、重复性质的事，甚至去做不符合自己特性的事，效果也难见得让人满意。

人生的时间是有限的，精力也是有限的，因此要想成功，使工作具有意义，就需要首先用正确的心态评价自己，挖掘自己的潜力，做自己擅长的事。选择做正确的事比把事做正确更重要。

选择有误，再多努力亦枉然

有的人在邪恶上寻找勇敢，而这种寻找最终会让他碰得头破血流；有的人在谎言中寻找安慰，而这种寻找只能让他陷入沉溺；有的人从吝啬者身上寻找慷慨，而这种寻找却让他一无所获。还有太多的人想从药物、酒精或者感官的兴奋中找到安宁与快乐，显然这些都没有用。不要在不必要的地方付出你全部的精力，若要有所收获，必须选择正确的方向。

有的人羡慕那些刚过"而立"之年，便已拥有巨额财富、显赫地位的成功人士，他们的成功也许是因为有好机缘，有贵人扶持……然而，最重要的是他们都是在正确的时机，正确的地点，选择了最理想的职业。

怎样才能找到最适合你的职业呢？台湾富豪蔡万霖相信直觉可以对你有所帮助。所谓直觉，是指"无需任何理由，立即就知道某件事情"。正是这种直觉帮助了那些因选对了职业而成功致富的人。

蔡万霖小时候，家里经济条件很不好。他发现妈妈每次做饭时，总是从定量的大米中抓出一小把放进坛子里，天长日久，竟也节余下来许多粮食。每当青黄不接之时，妈妈便把这些平日里积攒下来的大米拿出来供全家食用，以解燃眉之急。这件事给蔡万霖很大的启发，他想，如果主妇们每天都从零用钱中抽出一点存起来，时间久了，不也是一笔可观的数目吗？在与哥哥商量了一番后，兄弟俩决定在台北第十信用社开展一元钱开户的"幸福存款"储蓄活动，他们宣布，只要存一元钱，就可以当"十信"的客户。这一倡议得到了家庭主妇们的热烈响应。她们常常在上街购物的路上，顺道进"十信"，将手头的为数不多的零钱存进去。还有的中学生也将假期打工挣得的钱，扣去书本费后悉数存进了"十信"。

蔡氏兄弟的一元钱幸福储蓄大获成功，他们趁热打铁，又在台湾其他地方开了17个分社，个个生意红火。后来他们又增加了夜间办理储蓄业务。此后不久，"十信"已拥有社员10万多人，存款金额高达170亿元，一跃而成为台湾最大的信用社之一。

母亲生活中的一个小习惯给了蔡万霖"财富是靠累积得来的"这样一个重要启发。这种思想不仅影响了他早期的创业，更在其一生追求成功的过程中起着至关重要的作用。人们评价他是"大胆创业，小心守成"的富豪，也称他为当之无愧的"聚财之神"。

还有人认为，生活中的一些小细节可以给你的择业带来启发。

卡特在怀特汽车公司当经理的助手。一次，上司要卡特将一辆出事的卡车卖给收购废弃车辆的人，结果车子卖了450美元。两星期之后，上司又要卡特去买一副二手的引擎，装在另一辆卡车上。收购废弃车辆的人，从两星期前卡特卖给他的那辆卡车上拆下引擎，用换下来的引擎跟卡特讨价还价，然后他给卡特拿来580美元的报价单。

这令卡特茅塞顿开。他发现卡车上有许多零件很有价值，事实上，他以450美元价格出售的卡车，拆卸成零件之后出售，价值要增加2倍到3倍以上。这时候他第一个反应就是，他要从事废弃物的事业。

从此，卡特开始从事二手卡车零件的生意，并因此大赚特赚。自从他发现二手卡车零件获利惊人之后，仅过了一星期，就开始自己做。他以500美元的价格买下第一辆事故卡车，拆解下来的零件，卖了2倍的价钱。靠着这个卖废车零件的工作，卡特迅速成为了一个百万富翁。他告诉身边的朋友："嘿！伙计，留心那些小事，说不定哪个小细节就可以让你走上一条致富之路！"

而弗雷森夫妇的择业秘诀则是，做别人很少去做的工作。他们说："如果每个人都做同样的事情，竞争太激烈，那么根本就赚不到钱。"

尽管弗雷森夫妻都不是大学毕业生，但是他们的资产净值却超过大部分的大学毕业生。他们都很努力工作，想要成功致富，早点退休享福。当年弗雷森33岁，弗雷森太太29岁，他们向父母借了33美元，购买了一部二手的全自动洗车设备，开始了自己的创业之路。他们认为这是一个理想的事业，竞争对手少，获利较多，更容易达成自己的目标。弗雷森太太曾对访问他们的人说："感谢你没有将洗车业纳入白手起家致富的行业，因为愈少人注意这个行业愈好。"

选择就像是盖房子，如果房子盖在不理想的地点，地基是泥沙或沼泽，即使地面上的建筑花了几百万美元，这栋房屋还是不稳固。你需要不断地跟流动的泥浆与沼泽搏斗，但是永远也无法取胜。只有将房子建在坚实的土地上，这房子才经得起风吹雨打，你也不必再跟这些不利因素搏斗。

选择不对，努力白费。选择比努力更重要，努力一定要放在选择之后。昨天的选择决定今天的结果，今天的选择决定明天的结果。所以你一定要拥有选择的智慧。

适当割舍，考虑清楚你想要什么

《时代杂志》曾经报道过一则封面故事"昏睡的美国人"，大概的意思是说：很多美国人都很难体会"完全清醒"是一种什么样的感觉。因为他们不是忙得没有空闲，就是有太多做不完的事。

美国人终年昏睡不已，听起来有点不可思议。不过，这并不是好玩的笑话，这是极为严肃的课题。仔细想一想，你一年之中是不是也像美国人一样，没多少时间是"清醒"的？每天又忙、又赶、熬夜、加班、开会，还有那些没完没了的家务，几乎占据了你所有的时间。有多少次，你可以从容地和家人一起吃顿晚饭？有多少个夜晚，你可以不必担心明天的业务报告，安安稳稳地睡个好觉？并且在大多数的时候，你都无法专心，总是担心这个，害怕那个。要不，就是想要这个，但又觉得那个也不错，贪心地想将所有的东西一网打尽。这正是现代人共同的写照：一心可以数用。在这里却有大部分人高估了自己的能力，以为自己无所不能，可以手脚并用同时完成很多事。

应接不暇的杂务明显成为日益艰巨的挑战。许多人整日行色匆匆，疲态毕露。放眼四周，"我好忙"似乎成为一般人共同的口头禅，忙是正常，不忙是不正常。试问，还有在行程表上能挤出空档的人吗？

美国作家杰夫·戴维森形容"狂乱湍流正席卷着当今每个人的生

活"，并且引用著名的趋势预言家托夫勒在1970年出版的著作《未来冲击》中所说的一段话："人们将成为选择泛滥的奴隶……"然而，太多的选择也同时威胁着人们心灵的悠游空间，带来更大的焦虑，令人觉得时间与自由受到剥夺。

不幸被托夫勒先生说中，太多的选择让人们分心。一心数用的结果是你不能专心地做好每一件事，不能思考、不能交谈、不能运动、不能休闲……据说，即便是一家团聚，也要提前预约。

奇怪的是，尽管大多数人都已经忙昏了，每天为了"该选择做什么"觉得无所适从，但绝大多数的人还是认为自己"不够"。这是最常听见的说法："我如果有更多的时间就好了"、"我如果能赚更多的钱就好了"，好像很少听到有人说："我已经够了，我想要的更少！"

正如托夫勒所言，太多选择的结果，往往是变成无可选择。即使是芝麻绿豆大的事，都在拼命消耗人们的精力。根据一份调查，有50%的美国人承认，每天为了选择医生、旅游地点、该穿什么衣服而伤透脑筋。

如果你的生活也不自觉地陷入这种境地，你要来个"清理门户"的行动，那么以下有三种选择：第一，面面俱到，对每一件事都采取行动，直到把自己累死为止；第二，重新整理，改变事情的先后顺序，重要的先做，不重要的慢慢再说；第三，丢弃，你会发现，丢掉的某些东西，其实你一辈子都不会再需要它们。

当你发现自己被四面八方的各种琐事捆绑得动弹不得的时候，难道你不想知道是谁造成今天这个局面？是谁让你昏睡不已？原因很简单——是你，不是别人。所以，是你对它们负责，而不是要它们来对你负责。

昏睡中忙碌着的你我，必须学会割舍，才能清醒地活着，也才能享受更大的自由。

勿逞匹夫之勇

勇气可以让一个人无所畏惧、一往无前，这种说干就干、雷厉风行的处事风格在通常情况下，可以最大限度地把握成功的机会，大大提高成功的概率。当然，也有另类的"勇敢者"，他们做事从不考虑方法和后果，单刀直入、横冲直撞，可以说，他们身上除了"勇气"之外，再没有哪一点可以值得称道。对于这类蛮干者，勇气反而成了他们失败的根源。

《水浒传》中，李逵的性格是颇有些鲁莽的。有一家酒店的店主王林凭借着杏花村的一眼泉水酿制出了溢香十里的"杏花酒"，当时镇守黑风口的李逵经不住酒香的诱惑，经常光顾这家酒店开怀畅饮。

一天，李逵又来到"王林酒店"，只见王林遍体鳞伤。王林见到李逵后便哭着说道："头天有两个汉子，自称是梁山头领宋江和鲁智深，吃喝完后，抢走俺那如花似玉的闺女……"黑旋风听后，气得牙咬得"咯嘣咯嘣"地响，手拿两把大板斧，闯到忠义堂，砍倒杏黄旗，要杀宋江和鲁智深，幸被众好汉死死拉住。

后来真相大白，原来是两个强盗盗用了宋江和鲁智深的名头到处招摇撞骗、为非作歹。李逵深感自己鲁莽，为求得宽恕，便背着荆条，让兵卒把他绑上，向宋江去"负荆请罪"。

鲁莽之人，其特点是情绪极不稳定，判断分析能力差，极易产生兴奋和冲动，缺乏自制自控能力，稍有不顺便大打出手，不计后果。如果长此以往，任由自己的行为被情绪牵着走，仅凭直觉做事，对于个人来说是一种极大的性格缺陷和不良的习惯。

鲁莽的冲动就像魔鬼，会让他人对你产生怨恨，最终破坏你的人生。

汉景帝宠爱栗姬，立了她的儿子刘荣为太子，立她为后的心愿也是由来已久。但景帝的姐姐馆陶公主对他此举并不赞同，她告诉景帝："栗姬蛇蝎般心肠，满怀恶毒，而且奇妒，她对皇帝宠幸的美人们都恨入骨髓，不停地诅咒，她现在不过是个姬妾就敢倚仗着太子这样嚣张泼辣，一旦正位中宫，日后成为太后，皇上您如今心爱的儿女们恐怕都要难逃一劫！"

景帝被姐姐的一番话说得冷汗直流。他虽不敢相信自己恩爱备至的女人如此心如蛇蝎，但对栗姬的性情脾气倒是有些了解，只怕姐姐所言并非空穴来风。

这一天，景帝来到栗姬的宫中，决定试探一番。于是便对她说："朕已立刘荣为太子，爱姬不日也将成为皇后。如今我身体日见不济，万一有个什么好歹，大汉朝和朕这个大家就都要托付于你了。后宫中的嫔妃们都还年轻，而朕的诸王又都年幼，朝廷后宫诸事纷扰，处处暗藏危机，到那时候你可千万要帮我好生维护他们才是啊！"

此时的景帝大约不到40岁的年纪，但身体却不是很好。这一席话，虽是试探之语，却也是掏心之言。相信读者看到这里定会想到，栗姬如果够聪明，就应该赶紧应承下来，最好再安慰安慰丈夫，说些"吉人自有天相"、"陛下万寿无疆"之类的话，能滴下几滴眼泪那是再好不过了。可是接下来的事却并不是这样：

栗姬立刻怒由心生，变了脸色，非但不肯答应照顾诸姬和儿女们，连句好话都没有，当面就与景帝顶撞起来。

景帝见此情景，气不打一处来，觉得自己这么些年来真是看错了人、白宠她一场了，立即起身，拂袖而去。

栗姬见丈夫居然一反常态，并没有和颜悦色地过来哄她，更是怒火中烧，冲着景帝的背影大哭大闹起来。

想来栗姬似乎忘记了，此时的景帝虽然自觉身体不佳，前来交代后事，但他毕竟还不到40岁，这也并非临终之言。但栗姬的行为一方面伤透了景帝的心，另一方面也将自己"太子之母"的绝好地位给白白地断送在了自己手里。为了逞一时之快，或者解一时之恨而导致一时的失手、一时的失误或一时的冲动，极有可能断送自己的大好前程。鲁莽冲动之害，由此可见一斑！

遇事三思而后行

只图眼前一时的快乐，不顾自己的行为对日后的影响的人注定是不会得到成功的。真正的聪明人，都为自己的事业制定了明确的目标，并围绕着目标，科学地规划自己的工作。他们每做一件事，都会事先考虑这件事的后果对自己的目标有什么影响，如能产生正面的影响，自然会认真去做，若产生负面影响，就主动放弃，或者作出适当的调整。

很多人在处理事情时总爱盯着眼前，从不考虑日后的影响，比如在交际过程中，图一时之利，把交际的对象划作三六九等，从而戴上有色眼镜，对那些有权有势或对当前能产生影响的人尊重有加，而对那些小人物或当时看似无关紧要的人却不屑于理睬。比如，办公室里的那位脸上长满粉刺的文书小姐，你对她不屑一顾，可是不久她就被提拔为老板的秘书。再比如，你同事的车子坏了，在你开车路过他面前时，他向你招手，而你正赶着要去参加一个重要的会议而没有顾得上理他，两年后他成为你的主管，如果还想着这事，难免不会给你"穿穿小鞋"。

刘易斯的教训就很深刻。他在一家公司任生产部经理时，曾将一位前来推销产品的销售员粗鲁无礼地赶出办公室，当时正赶上他工作太忙，心情不太好。一年后，他再见到那位销售员时，销售员已经转到他的一家大客户那里，在供应部里任职，而且一眼就把刘易斯认了出来。刘易斯心中暗暗叫苦，怕对方报复。果然，那家大客户给他公司的订单渐渐地减少。老板知道了缘由后，把刘易斯调离了生产部。

这些事并不是说你在生活或工作中，绝对不能冒犯别人。为了成功，你必须要敢于表达自己，敢于陈述自己的观点，但是也必须要注意，争执和分歧必须有理有据，再就是要对事不对人，同对方做好沟通，做到让对方心服口服。

在处理任何事情时，都有短程的价值和长程的价值。短程和长程的价值有时是一致的，但有时是互相冲突的。你必须要事先考虑其对未来的影响，千万不可只图眼前的利益而做出错误的决定。

杨洋选择的第一家公司虽然名气不大，但是从事业的发展来看很有前途，只是薪水和福利待遇居于同行业中等水平。杨洋家庭经济基础差，所以非常渴望得到一份薪水高的工作，好靠银行按揭买一套房子。

一天，有一家公司同他秘密接触，想把他挖过去。当然，开出的条件也很诱人，薪水多一倍，福利待遇也很优厚，但是，这家公司由于不正当竞争而声名狼藉，一些人才都跳槽走了，公司经营每况愈下。他权衡再三，终于忍不住薪水和福利的诱惑，跳槽加入了那家公司。两年后，那家公司破产了。他因为有了这段不光彩的职场记录，求职时遇到了很大的麻烦。杨洋真是后悔莫及，谁让他当初没有考虑到这一点呢？

衡量你的行为对将来的影响，其实并不困难。你的目标便是衡量的尺度，是你做任何事的指南，只有对目标的达成有促进作用的行动才应该进行，否则就应该放弃。

当你对某件事做出决定时，你要事先考虑对你的目标会有什么影响，如果有悖于你的目标，或者打乱了你的规划，那么，你就不要去做。

当然，随着形势的变化，你的目标也会改变。当你的目标已经发生改变，即使是一点点，你也应该重新审视你目前的行为。为了配合日后你所期望的结果，你应该对你的行为作出必要的调整。否则，你不合时宜的行为必定会对你的将来产生坏的影响。所以，凡事都应该考虑其对未来的影响，才会使你不再犯一些不该犯的错误。而一个少犯错误的人，往往会赢得同事的尊重和上司的青睐，在奋斗拼搏的道路上，走得既稳又快，成功的几率也会大大提高。

你可以把岁月当成一首歌，但绝对不能把人生当成一场游戏。"GAMEOVER"以后你还可以将手一挥说：重新开始。人生"OVER"以后你还有如此神力吗？凡事都要三思而后行，想想后果是否在你的承受范围之内，这样你的人生才会无憾无悔。

没有张良计，何来汉家四百年

曾有人说，市场经济的法则中，惟一不变的一条，就是任何事物都无休无止地处在变化之中。因此，面对社会的高速发展，许多新问题、新生事物会随时出现在我们面前，这就要求我们审时度势、综观全局、权衡利弊，于千头万绪中找出关键所在，及时地做出有效可行的决策。

决策，不仅是军国大事所需要的，普通人在日常生活与工作中也时时需要决策。人的所有目标是否能实现、效率如何、成功与否，都与决策息息相关。

正确的决策决定了人一生的道路与声誉。诸葛亮作"隆中对"得三分天下；朱元璋采纳"广积粮、高筑墙、缓称王"的建议，创立了明王朝；孙膑为田忌赛马献策而胜齐威王；李冰父子设计都江堰水利工程体系，妥善地解决了分洪、排沙、引水等一系列兴利除害的问题，等等。这些决策都是凭借领导者个人的阅历、知识和智慧进行的，所以，决策的成功与否也主要取决于领导者的阅历是否丰富，知识是否渊博，智慧是否过人。

现代社会科学技术日新月异，社会飞速发展，在这个多变的世界里，任何固步自封、因循守旧、优柔寡断、模棱两可，"一看、二慢、三通过"式的决策，都会使人坐失良机；任何心中无数、考虑欠周、粗枝大叶、匆忙仓促的决策，必然会使人损失惨重。

所以成功的决策者，必须善于在变化的世界中有效地把握机会。在商场上决策的正确与否，直接决定了一个企业的生存与发展，稍一失误，企业即可能损失惨重，甚至会为此落后于对手和时代。

美国 IBM 公司曾是计算机行业中叱咤风云、不可一世的霸主。但是，自上世纪 80 年代初以来，它的决策层没有充分地意识到在计算机行业发展到 20 世纪末的今天，软件应该比硬件更值得重视，它忽视了软件市场，"捍卫硬件市场"的决策，使 IBM 失去了进一步发展的大好机会，并造成了公司的重大损失：1992 年，IBM 公司亏损了 50 亿美元，股价也不断下跌。

与此相反，IBM 公司的竞争对手美国微软企业集团的总裁比尔·盖茨，却很好地把握了这一发展的机会，作出了一系列正确决策，并取得了巨大收益。微软在上世纪 80 年代初很快推出 MS-DOS 操作系统，这个系统一经问世即被定为一切个人电脑的通用标准，世界上使用的微电脑当中，十之八九使用的都是微软集团的操作系统。

当 IBM 公司发现自己失误后，1987 年提出与微软公司共同开发 DOS/2 新操作系统软件，但微软公司又捷足先登，立刻抢先推出了比 MS-DOS 更优越的 WINDOWS 操作系统，并很快使之畅销于世界各地。

微软的崛起和发展，归功于其总裁比尔·盖茨及其决策层善于把握机会，善于科学决策；同时，也与 IBM 决策层决策失误、坐失良机密不可分。

良好的决策仰赖着人的智慧、灵悟和直觉，似乎有着一定的神秘性；人也不可能一辈子都作出十全十美的决策而不发生失误，但任何决策还是有规律性的、有技巧可循的。只要我们按着以下的几方面加以实施和提高，是一定可以形成正确的决策能力的。

1. 做一份平衡表

应用平衡表以权衡不同选择的优点和缺点。

2. 征求意见

当我们面临一项决策无从下手时，不妨找几个朋友、同事或亲属，征求一下他们的意见，听听他们的看法。

3. 信息的收集和筛选

科学决策，在很大程度上即取决于在掌握信息的基础上如何善用信息。在对信息充分把握的基础上，决策者要通过对信息的分析、思考、判断、推理，然后进行选择、综合，才能把信息真正变成科学决策的源泉。

4. 谋事周全

问题的各个方面都千丝万缕地联系在一起，牵一发而动全身，任何一个事物的变化都会引起一连串的连锁反应，一个决策的失误也必然会引起一连串的严重的后果。

"当断不断，反受其乱"。决策是不能一拖再拖的，而是需要在有效的时间、地点内完成的。否则，正确的决策一旦过了时间，就会成为错误的方案。

凡是成功者，都要碰到关键的时刻，在这个时候，不能退缩，不能无主见，要敢于拍板拿主意，此时需要人有非凡的决策能力。

成功者必须具备当机立断的决策能力。只有善于当机立断，有敏捷的思维，才能在复杂多变的情况下，应付自如。艾森豪威尔就是在紧急关头当机立断而取得成功的典范。

决策，从字面上分析有两方面的含义：一是决断，二是策略。也就是说，正确的决策不仅要求你决定做或者不做，更重要的是要讲究策略，研究怎么去做。

低调谨慎的想法，会让你免遭人嫉

人们常说"天不言自高,地不言自厚"。自己有无本事,本事有多大,自己不一定明白,别人却能够看得最清楚,自高自大只会引来讪笑,也最容易让人失败。人生在世,总是谦虚一些、谨慎一些,多一点自知之明为好。惟谦虚者能享胜利而不被人妒,惟谨慎者能小心驶得万年船。

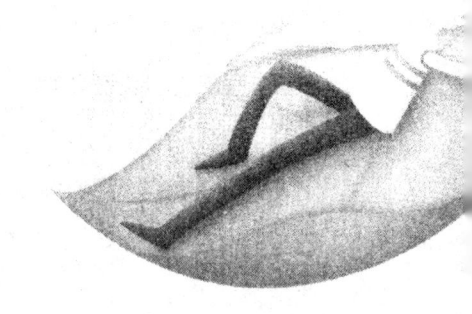

吹牛不受待见

有些人自以为有点才能，就四处吹嘘，好让人觉得他是个天才。有些人，发了点小财，就到处夸耀，好像自己是比尔·盖茨。还有些人，做了点小事，就觉得劳苦功高，四处张扬。殊不知这样是最讨人嫌的。喜欢吹嘘的人往往是那些没有什么真才实学的人，到处吹嘘都是虚荣心在作怪。

一个人越是吹嘘，就越容易使人们对你所说的话的真实性产生怀疑。夸夸其谈，不会让人们觉得你有魅力，只能暴露自己学识欠缺，品位不高。即使你真的有才华有能力，经常吹嘘也会降低人们对你的好感。

古罗马时代有个英雄叫马西尔斯，人们封他为"战神"，因为在公元前5世纪前半叶，他率领部队奋勇杀敌，屡次使罗马城免遭屠戮。由于他经常驰骋在外地的战场上，罗马的人们都没有见过他，这使得他成为谜一般的传奇人物。

公元前454年，马西尔斯打算告别军戎生涯，参加竞选角逐最高层的执政官，从而进入政治界。按照规定，所有候选人都必须在公众投票前发表公开演讲，向人们展示他自己的风范。在演讲会的讲台上，马尔西斯什么也没有说，只是脱下身上的衣服。人们看到了他身上的累累伤痕，想到他的累累战功，全都感动得泪如雨下，几乎每个人都认定他会当选。

然而，在投票的前一天，马尔西斯在公众场合与公众见面，但是他只与那些陪同他来的高层官员和富有市民说话，而且一味地吹嘘自己的功绩。人们终于认清了他的本来面目：所谓的英雄只不过是个喜欢吹嘘自己的人而已。于是，第二天，大多数人都没有投他的票，马尔西斯自然也就落选了。

中国古代有一位将军，他在大军撤退时总是断后。回到京城，别人都赞扬他退却在后、舍生忘死的精神。将军却说："并非吾勇，马不进也。"

两个故事形成了鲜明的对比，同样是立功的将军，对待自己的功劳却有截然不同的态度。马尔西斯吹嘘自己曾经在战场上的功绩，就是想让人们知道他有多勇敢多伟大，他为国家做过这么重要的贡献。结果却适得其反，人们对他的装腔作势很反感，他把自己说得越神勇，人们对他的失望也就越多。吹嘘者自以为能赢得公众的好评，结果却毁掉了自己在人们心中的形象。

中国古代的那个将军，他谦逊地把断后的功绩推掉，认为不是自己勇敢，而是因为马不行进，使得自己不得不退却在后。他这样做反倒更加赢得人们的赞誉。那些谦虚的人对自己的优点不以为然，他们之所以这样做，不是想占什么便宜，而是不愿夸耀自己的功绩。越是这样，这些人就越是得到最大的荣誉。

吹嘘自己的人，常想满足自己被人羡慕受人恭维的快感。当人们发现你言过其实的时候，常常会觉得他们原来的期待受到了愚弄，于是，在失望的同时就会产生报复的心理，排挤那个吹嘘的人。古今中外，因为吹嘘和自以为是而丧命的人不在少数。

公元前131年，一个罗马将军带领部队围攻希腊城堡，需要用撞墙槌攻破城门，但是当时他们并没有准备撞墙槌。将军沉思了一会儿，他想起看到过雅典船坞里有两支沉甸甸的船桅，其中较大的一支船桅可以用来代替撞墙槌，撞开希腊城堡的围墙，于是便下令将较大的这支立刻送来。接到命令的雅典军械师却认为，较短的一支更容易把墙撞开，于是军械师自作聪明，坚持把较短的桅杆送了过去。他深信将军一定会因为他这个明智的决定而赏赐他。

短桅杆运到战场后，将军一看没有按照他的命令来执行，非常生气。然而军械师却一点都没有发觉，仍然兴高采烈地向将军解释送来短桅杆的原因。他滔滔不绝，说自己是专家，在这方面有很深的造诣，深知其中的原理，并表示在这些事情上听取专家的意见才是最明智的，攻城时采用他送来的短桅一定是最有效的。将军越听越怒，从来没有一个人像这个军械师这样敢违抗他的命令，并且还在他面前吹嘘，这使得他觉得自己受到了侮辱，于是还没等军械师说完，就下令把他吊起来，用鞭子把他活活打死了。

吹嘘的人总是相信自己是正确的，他们总喜欢逞口舌之能，他们总是趾高气扬，自以为是，在权势面前也没有忌讳，这无异于自掘坟墓。

有时候沉默胜于千言万语，聪明的人都知道节制，与其夸夸其谈，不如闭起嘴巴。低调不是没有个性，沉默也不代表一无所知，真正的卓越非凡不用吹嘘总有人知道。吹嘘自己知识的人，等于宣扬他的无知；吹嘘自己勇敢的人，无疑告诉别人他是个胆小鬼；吹嘘自己富有的人，只能证明他是个爱财的人。平平常常的人，谦逊朴实地对待人生，无论他是否有所作为，人们都会对他有个好印象。

没有人喜欢抬头看人

美国著名的杰出人物富兰克林的父亲对他从小就很溺爱，过于纵容他，对于他骄傲自大、自以为是的行为，父亲也从来不加以训斥，所以，他一直都固执己见，从不听取别人的意见。

父亲的一位朋友看不过去，有一天，把他叫到面前，用很温和的言语规劝他说："富兰克林，你想想看，你那不肯尊重他人意见，事事都自以为是的行为，结果将使你怎样呢？别人受了你几次这种难堪后，谁也不愿意再听你那一味矜夸骄傲的言论了。你的朋友们都会远远地躲着你，免受一肚子冤枉气，这样你从此将不能再从别人那里获得半点学识。何况你现在所知道的事情，老实说，还只是有限得很，根本不管用。"

富兰克林听了这一番话，经过几番琢磨，终于大彻大悟，深知自己过去的错误，决意从此痛改前非，遇人遇事，他的态度非常诚恳，言行也变得谦恭起来。不久，他便从一个被人鄙视、拒绝交往的自负者，变成到处受人欢迎爱戴的人了。

低调者做人的心态就是千万不要自以为是，要虚心请教，以低的姿态坦诚接受别人的批评与意见，然后加以冷静的分析，从而悟出为人处世的道理，借此修正自己思想上的偏差。

有一位已工作十余年的老干部，他向来十分低调，只是坚持不懈地努力工作，从最初的职员到现在的车间主任，每次他受到领导的表彰和嘉奖时，都会对领导说："这不是我一个人的荣耀，这是整个集体的荣耀，是整个集体的功劳，我没什么可以炫耀的，要嘉奖就嘉奖在座的所有人吧，是他们创造了我们厂的奇迹！"他一直都把荣耀、优越感献给了别人，因此他一直深受工人们的爱戴和拥护。

谦虚的人往往能得到别人的信赖，因为谦虚，别人才认为你不会对他构成威胁。你会赢得别人的尊重，与他们建立良好的关系。

为人趾高气扬，飞扬跋扈，肯定会遭到他人的厌恶，没有人愿意和这样的人交朋友。为官者趾高气扬还会影响仕途的升迁。做人高调，触犯了这条法则，无异于惹火上身，种下祸根。只有低调处世，才能在世间站稳脚跟，进而成就自己的一番大业。趾高气扬，与人对着干，必定会遭受失败，虽然别人可能一时不会对你如何，但是长此以往，就算不把你打入谷底，也会阻挠你前进的步伐。

别总想着出风头

自我表现应该说是人类的天性。在现代社会中，每个人都渴望在竞争中脱颖而出，充分展示个人风采。这也是适应激烈挑战的必然选择。但是，当我们展现自我才华的时候，要注意在不同的时间、地点、场合的表现要恰如其分。不分场合、情境地高调表现自己会产生一种压力，引起别人的反感。从而使自己的人际关系产生危机，甚至会和许多机会擦肩而过，使本来应该辉煌的人生之路变得暗淡无光，反而和表现自己的初衷背道而驰了。

唐代著名的诗人和词人温庭筠，从小就文采出众，才思敏捷。每次参加科举考试的时候，别人对那些试题都要苦思很久，可他却能在顷刻之间完成。据说，他只要把手交叉八次，就能做出一篇八韵的赋来。所以，当时的人都叫他"温八叉"。按说，温庭筠有这样的才华，早就应该金榜题名，青云直上了。可他屡次参加进士考试，却始终没有中第。

依照唐宋时的笔记小说，原来，温庭筠有一个习惯。由于他富有才华，所以在考场上早早就答完了考卷。剩下的时间，他不肯闲着，就开始帮助起左邻右舍的考生来，替他们把卷子一一做完。那些考生自然对他感恩戴德，但却引起了主考官的不满，多次将他黜落。后来，他这个名声越传越远，弄得人人皆知。主考官就命令他必须坐到自己跟前来，亲自看着他。温庭筠对此不满，还大闹了一场。可即使这般严防，温庭筠还是暗中帮了8个考生的忙，自然，他自己又是名落孙山了。

考了十几次还没有中第的温庭筠渐渐对科举考试失去了希望。他投到丞相令狐绹的门下去做幕客，替丞相代笔写些公文、诗词。令狐绹很看重他的才学，给他的待遇也十分优厚。但温庭筠却恃才自傲，对这位丞相特别看不起。有一次，皇帝赋诗，其中一句有"金步摇"，令大臣们作对。令狐绹对不出来，就去问温庭筠。温庭筠告诉他可对"玉条脱"。令狐绹不知道是什么意思。温庭筠就说"玉条脱"的典故来源于《南华经》，并不是什么生僻的书。丞相在公务之暇，也应该多看点书才是。言下之意，就是讥讽令狐绹不读书。令狐绹十分不高兴。又因为皇帝喜欢《菩萨蛮》，令狐绹就让温庭筠为自己代填了十几首进献给皇帝，还特别嘱咐温庭筠千万不要把这件事泄露出去。可温庭筠却将此事大肆宣扬，使得尽人皆知。令狐绹就对他更加不满了。

温庭筠对令狐绹的为人颇为鄙视，还经常做诗讥讽他。令狐绹作了宰相，因为自己这个姓氏比较少见，族属不多。所以一旦有族人投奔，都悉心接待，尽力帮助，有很多人都赶来找他。甚至于有姓胡的人也冒姓令狐。温庭筠讽刺道："自从元老登庸后，天下诸胡悉带令。"他还看不起令狐绹的不学无术，说他是"中书省内坐将军"，虽为宰相却像马上的武夫一样粗鄙。令狐绹得知这些事情，就更加恨他了，后来温庭筠又想参加科举考试，令狐绹奏称他有才无行，不应该让他中举。就这样，温庭筠终身与科举及第无缘。

温庭筠喜欢表现自己，因此得罪了主考官，得罪了宰相，还觉得不够，又把皇帝也得罪了。唐宣宗喜欢微服出行，一次正好在旅馆碰到了温庭筠。温庭筠不知道他是当今天子，言语中对他很不客气。皇帝认为他才学虽优却德行有亏，把他贬到一个偏僻小县去作了县尉。

温庭筠一直当着各式各样小得不能再小的官，穷困潦倒。有一次他喝醉了酒而犯夜，被巡逻的兵丁抓住，打了他几个耳光，连牙齿也打断了。那里的长官正好是令狐绹，温庭筠便将此事上诉于他，可令狐绹却记着当年的旧恨，并未处置无礼的兵丁，却因此大肆宣扬温庭筠的人品是如何糟糕，后来这些关于他人品差劲的话传到了京城长安，温庭筠不得不亲自到长安，在公卿间广为致书，申说原委，为己辩白冤屈。这个时候，他对于自己过去恃才凌人的作法感到后悔，写诗有"因知此恨人多积，悔读《南华》第二篇"之句。可是这种悔悟并没有使他吸取教训。

后来，他做了国子监考试的主考官，又忍不住自我表现了一回。按照一般规矩，国子监考试的等第都是由主考官而定，并无公示的必要。温庭筠可能是饱受科举不第之苦，又对自己的眼光特别有自信，于是别出心裁，将所选中的三十篇文章一律张榜公开，表示自己的公平。他觉得自己的眼光很高，态度公正，所以并不害怕"群众监督"。可他选中的文章中有很多都是指斥时政的，温庭筠还给了这些文章很高的评语，不免让那些权贵们心中不满。后来，丞相杨收干脆找了个理由，把他贬到外地，温庭筠郁郁不快，还没有到贬所就因病去世了。

像温庭筠这样才华横溢之人，本来是应该有一番大作为的。可是，他却太狂傲，太喜欢表现自己的才华，甚至不分场合，不分对象。所以，他的才华不但没有成为成功的助力，反而却处处招惹是非，使他丧失了很多本来应该把握的机会，潦倒终身。可以说，他的仕途进取之路是被他自己亲手断送的。因此，那些有着满腹才华的成功者，往往不会恃才自傲，懂得低调处事的重要性，反而表现得平易谦逊，这才是有着真正的大智慧。"空心的谷穗高傲地举头向天，而充实的谷穗则低头向着大地"，就说明了这个道理。

人不可有傲气，但不能无傲骨

做人不可没有骨气，但是绝对不要有傲气。因为骄傲会使人变得无知，是一种可怕的不幸。现实中总有些傲气十足、自以为是的人，他们目光短浅，犹如井底之蛙，最终往往被现实的井壁碰得焦头烂额。

生活中，人最大的问题，就是骄矜之气盛行。千罪百恶都产生于骄傲自大。骄横自大的人，不肯屈就于人，不能忍让于人。做领导的过于骄横，就不可能正确地指挥下属；做下属的过于骄傲，则难以服从领导的意志；做儿子的过于骄矜，眼里就没有父母，自然就不会孝顺。

骄矜的对立面是谦恭、礼让。要忍耐骄矜之态，就必须不居功自傲，加强自我约束。要常常考虑到自己的问题和错误，虚心地向他人请教学习。在克服骄傲自大方面，古人为我们做出了很好的榜样。

据《战国策》记载：魏文侯太子击在路上碰到了魏文侯的老师田子方，击下车跪拜，田子方不还礼。击大怒说："真不知道是尊贵者可以对人傲慢无礼，还是贫贱者可以对人骄傲？"田子方说："当然是贫贱的人对人可以傲慢，富贵者怎敢对人骄傲无礼？国君对人傲慢会失去政权，大夫对人傲慢会失去领地。只有贫贱者计谋不被别人使用，行为又不合于当权者的意思，不就是穿起鞋子就走吗？到哪里不是贫贱？难道他还会怕贫贱？会怕失去什么吗？"太子见了魏文侯，就把遇到田子方的事说了，魏文侯感叹道："没有用田子方，我怎能听到贤人的言论？"

富贵者、当权者自身本来就容易有骄傲之势，看不起地位不如自己的人。但是作为统治者，如果不能礼贤下士，虚心受教，他就可能因为自己的骄矜之气而失去政权，富贵者则可能因此失去自己的财势。

咄咄逼人的处事方式并不是明智的选择，我们不光自己要懂得适当的忍耐，也要善于接受对方提出的委曲求全的请求。对方提出忍耐的请求，表示他有力不从心之处，他需要喘息。如果你非要逼着他硬拼，由于他可能做最后的反击，用尽全力和你拼命，那么即使你能取胜，代价也会相当大。因此，适当的"忍耐"和接受对方的忍耐，可创造"和平"的时间和空间，而你也可以利用这段时间来引导"敌我"态势的转变，维持现状或争取时间做积极的准备，准备再次的较量。

谦恭是东方智慧的精髓。志趣高洁，生性淡泊，方能做到"谦恭"，慎独自律，自控自强，方能体现"谦恭"。生活中，你只有忍住心中的傲气，才能有机会获得更大的成功。

今日我以盛气凌人，预想他日人亦盛气凌我

一个人自恃才能过人，总是表现过多，锋芒太露，就会给对手带来压力和不快，他就会认为你气势太盛，不可一世，压得他喘不过气来，将你视作眼中钉肉中刺，尤其是当你的傲然之气表现出来的时候，他甚至会怒火中烧，不择手段地对你施以明枪暗箭。

春秋时期庄公准备伐许。战前，他先在国都组织比赛，挑选先行官。众将一听露脸立功的机会来了，都跃跃欲试，准备一显身手。

第一个项目是剑格斗。众将都使出浑身解数，只见短剑飞舞，盾牌晃动，争斗不休。经过轮番比试，选出了6个人来，参加下一轮比赛。

第二个项目是比箭，取胜的六名将领各射三箭以射中靶心者为胜。前四位有的射中靶边，有的射中靶心，第五位上来射箭的是公孙子都。他武艺高强，年轻气盛，向来不把别人放在眼里。只见他搭弓上箭，三箭连中靶心。他昂着头，瞟了最后那位射手一眼，退下去了。最后那位射手是个老人，胡子有点花白，他叫颖考叔，曾劝庄公与母亲和解，庄公很看重他。颖考叔上前，不慌不忙，"嗖嗖嗖"三箭射出，也连中靶心，与公孙子都射了个平手。

只剩下两个人了，庄公派人拉出一辆战车来，说："你们二人站在百步开外，同时来抢这部战车。谁抢到手，谁就是先行官。"公孙子都轻蔑地看了一眼对手。哪知跑了一半时，公孙子都脚下一滑，跌了个跟头。等爬起来时，颖考叔已抢车在手。公孙子都哪里服气，拔腿就来夺车。颖考叔一看，拉起车来飞步跑去，庄公忙派人阻止，宣布颖考叔为

先行官。公孙子都对此怀恨在心。

颖考叔不负庄公之望,在进攻许国都城时,手举大旗率先从云梯上冲上许都城头。眼见颖考叔大功告成,公孙子都嫉妒得心里发疼,竟抽出箭来,搭弓瞄准城头上的颖考叔射去,一下子把颖考叔射了个"透心凉",从城头栽下来。另一位大将瑕叔盈以为颖考叔被许兵射中阵亡了,忙拿起战旗,又指挥士卒冲城,终于拿下了许都。

在这个故事中,悲剧的发生也许应归罪于公孙子都嫉妒之心太强。但颖考叔的锋芒太盛、傲气争功也是一方面。作为一个已有功在身的老臣,他其实没有必要再去和年轻的将领争功了,但他总想立功求赏,结果被一记暗箭伤了性命,可悲可叹。

作为一个人,尤其是一个自认为有才华有前程的人,要做到心高气不傲,既能有效地保护自己,又能充分发挥自己的才华,就要战胜盲目自大、盛气凌人的心理和作风,凡事不要太张狂、太咄咄逼人,并且还应当养成谦虚让人的美德。这不仅是有修养的表现,也是生存发展的策略。巧妙的掩饰之所以是赢得赞扬的最佳途径,是因为人们对不了解的事物抱有好奇心,不要一下子展现你所有的本事,一步一步来,才能获得扎实的成功。倘若你处处表现卖弄、志得意满时趾高气昂,目空一切,不可一世,难免会被人当做靶子。所以无论有如何出众的才智或高远的志向,都要时刻谨记:心高不可气傲,不要把自己看得太了不起,不要把自己看得太重要,必须审时度势,尽量收敛起锋芒,以免惹火烧身,影响前程甚至危及生命。

在美国德州,有一家银行,吸收了很多存户。其老板以此自傲,这就招来一个同行的嫉妒,想将他搞垮,于是不惜牺牲 10 万元活动费,叫手下到该银行开活期存款,约有 1000 多个户头。不到一个星期,这些存户同一时间集体去提款,在该银行大厅排起长龙大阵,同时在外面又大放谣言,说该银行资金发生问题,因此别的存户也恐慌起来,纷纷向该银行提款,结果该银行因无法应付只好宣告破产。

由此看来，无论古今中外，官场商场，心高气傲、盛气凌人皆为大忌，所以，这里提倡的隐忍做人实在是一个人一生成功之路中必须跨过的关键一步。

不要抢了别人的镜头

众所周知，喜欢抢风头是极为大众所厌恶和唾弃的，这样的人即所谓不识时务，小人之举。虽然从某个尺度来说，爱出风头是积极上进的表现，但是抢占别人的风头，占据别人的功劳，就难称善举了。以己之心度他人之腹，在别人还未把心思说出来之前，就把话说了，把事做了，一时自然会得到别人的赞赏，然而长此以往必定会遭到他人的怨恨，因为你会让别人觉得自己像个白痴，任何事情还需要别人代说、代办，别人自然不会喜欢你。因此要摆正自己的位置，做自己分内的事。

吴喜是个文人，曾任河东太守。他在任上秉公执法，性情宽厚，广施仁政，很受人民爱戴，大家都称他"吴河东"。

宋明帝刘彧刚夺得天下，因为是从侄儿刘子业手上抢来的，当时得位不正，所以四方不服，一上台就忙着应付各地造反兵马，搞得焦头烂额。

对付叛军，需要大量的军事人才。对有真本事的人来说，正是个出人头地的好机会。吴喜就是在这种情况下毛遂自荐，而且一出马便立下了大功。

这一次，吴喜向刘彧自荐平乱，刘彧只给了他三百兵马。没想到，吴喜一进入敌人的地盘，当地百姓一听说吴河东来，都望风归顺。

按道理讲，刘彧刚即位，就得到这样一位有勇有谋的大将，心中应该很高兴才对，其实不然。因为吴喜行事上触犯了刘彧的大忌，不但有功不赏，反而为自己种下了杀机！

问题出在吴喜出征时曾对刘彧保证，抓到叛贼，不论首从，一律就地处死。刘彧嘴上不说什么，心中却暗暗叫好，心想正合我意。但吴喜轻易平定了叛乱后，生擒了76个叛将，除了当场斩杀17个首恶外，其余全给赦免了。

在吴喜看来，他完全是一片仁心——对手已经被俘，能不杀就不杀，说不定还能给刘彧多争取一些人才。可是，吴喜能轻易对付战场上的敌人，却摸不清刘彧的脾气。刘彧是中国历史上少见的刻薄寡恩的皇帝之———处杀了不少对他有功、有恩的人，为人极为残忍无情。

刘彧想的是顺我者未必昌，逆我者肯定亡，你不杀，就违背了我的意志，何况，你未经我同意就赦免战俘，也未免太善于积取人情了，这种人还能留吗？果然，没多久，刘彧就找了个借口，将吴喜赐死了！

每个人都不喜欢他人的光芒盖过自己。就像吴喜，虽然请示过刘彧怎样对待俘虏，得到支持后，以为刘彧就万分信任他了，和他是一边的。虽是出于好意，放了俘虏，为刘彧争取人心，可刘彧却不会这样去想，心想就你小子爱出风头，嘴上说是为我积人心，其实还不是想自己获得名声，要放也得由我刘彧来放啊。

由此可见，别人的风头是抢不得的，不要图一时之快，要知道如此为之，危险正在向你靠近呢！

饱满的果实，从不昂指苍穹

从历史的长河来看，不管我们拥有什么、拥有多少、拥有多久，都只不过是拥有极其渺小的瞬间。人誉我谦，又增一美；自夸自败，又增一毁。无论何时何地，我们永远都应保持一颗谦卑的心。

富兰克林是 18 世纪美国最伟大的科学家，著名的政治家和文学家。他的一生无论是在自然科学方面，还是在社会科学方面，都有极高的建树，被人称为"美国之父"、资本主义精神最完美的代表、科学的丰碑。然而在他死后，这个"科学的丰碑"的墓碑上只刻着："印刷工富兰克林。"这令人匪夷所思，但这正是他谦逊做人基调的最好体现。

富兰克林年轻时和现在的许多年轻人一样，做人不懂得谦逊。相反地，他是一个才华横溢，骄傲轻狂的人。有一天，富兰克林去拜访一位德高望重的老前辈。来到老前辈的家门口，年轻气盛的他挺胸抬头迈着大步，一进门，他的额头"嘭"地一声被重重地撞在门框上，额头上立刻鼓起一个大包，疼得他一边不住地用手揉搓，一边看着比他的身子稍矮一点的门。出来迎接他的老前辈看到他这副样子，笑笑说："很痛吧！可是，这将是你今天来访问我的最大收获。一个人要想平安无事地活在世上，就必须时刻记住：该低头时就低头。"

富兰克林牢牢记住了老前辈的谆谆教诲，他把这次拜访得到的教导看成是一生最大的收获，并把谦逊列为一生的生活准则之一。富兰克林从这一准则中受益终生，后来，他功勋卓著，成为一代伟人。他在一次谈话中说道："这一启发帮了我的大忙。"

越是有成就的人，态度越谦虚、越低调；相反地，只有那些浅薄地自以为有所成就的人才会骄傲。

美国石油大王洛克菲勒就说："当我从事的石油事业蒸蒸日上时，我晚上睡觉前总会拍拍自己的额头说：'如今你的成就还是微乎其微！以后路途仍多险阻，若稍一失足，就会前功尽弃，切勿让自满的意念侵吞你的脑袋，当心！当心！'"

1860 年，林肯作为美国共和党候选人参加总统竞选，他的竞争对手是大富翁道格拉斯。当时，道格拉斯租用了一辆豪华富丽的竞选列车，车后安放了一门礼炮，每到一站，就鸣炮 30 响，加上乐队奏乐，气派不凡，声势很大。道格拉斯得意洋洋地对大家说："我要让林肯这个乡下佬闻闻我的贵族气味。"

林肯面对这种情形，一点也不在乎，他照样买票乘车，每到一站，就登上朋友们为他准备的耕田用的马拉车，发表了这样的竞选演说："有许多人写信问我有多少财产。其实我只有一个妻子和三个儿子，不过他们都是无价之宝。此外，我还租有一个办公室，室内有办公桌一张，椅子三把，墙角还有一个大书架，书架上的书值得我们每个人一读。我自己既穷又瘦，脸也很长，又不会发福，我实在没有什么可以依靠的，惟一可以信赖的就是你们。"

选举结果大出道格拉斯所料，竟然是林肯获胜，当选为美国总统。

聪明人总是把谦虚与恰当的自我才能有机地结合在一起，并由此而走上通向成功的大道。大智若愚既可以保护自己不受猜忌和伤害，又可以为自己的事业成功创造条件，使自己一鸣惊人。

在任何情况下都要把自己当成泥土，如果老是将自己当成珍珠，就时时有被埋没的痛苦。这也就是说，在适当的时候保持适当的低姿态，绝不是懦弱和畏缩，而是一种聪明的处世之道，是人生的大智慧、大境界。

保持谦虚态度的人，在人际交往中也会处处受人欢迎，做起事来别人也愿意帮忙。因为在人际交往的世界里，人们大多喜欢聪明、谦让而豁达的人，讨厌那些妄自尊大、高看自己、小看别人的人，这些愚蠢的人最终会使自己在交往中陷入孤立无援的地步。

当然，我们提倡低调做人，并非要你做"老好人"，"事不关己，高高挂起，明知不对，少说为佳；明哲保身，但求无过"……相反，要求我们在原则面前去掉怯懦的"老好人"性格，摒弃庸俗的作风，成为一名大智大勇、大慈大悲的大写的人。提倡低调做人，也绝不意味着低沉，意味着因循守旧，而是要振奋精神，脚踏实地，干好每一件工作。自豪而不自满，低调而不低沉，这才是正确的态度。

预防嫉妒暗杀

嫉妒他人是一种普遍的心理现象，几乎每个人或多或少都存在一些嫉妒心理，嫉妒常常会让人做出一些疯狂的事，所以你不仅要克制自己的嫉妒心，而且还要提防别人对你的嫉妒，免得受伤害。

张某和乔某毕业于同一所师范大学，上世纪80年代中期两人又都去了同一所高中任教，因为这层关系，两人一直相处的都不错。2003年，学校领导班子进行了一次调整，乔某被提拔为学工处处长，但张某却被任命为主管教学的副校长。从那以后，乔某对张某说起话来就有点阴阳怪气的，从他那一声"张副校长"里，张某听出了他的不高兴。张某也不高兴："我当副校长是大家选的，又不是搞小动作弄来的，有怨气就去找教育局，凭什么我该看你的脸色啊！"从此以后，张某就跟乔某疏远起来，再也不像以前那样说说笑笑了。一段时间后，学校里突然传出了一些关于张某的流言蜚语，"抓教学不力、为人小气，几年前和学校的一位女实习教师有过一段暧昧的感情……"张某气得浑身发抖，他知道这是乔某传出来的，因为只有他知道这件事。这些流言惊动了教育局领导，局长几次找张某谈话。更糟糕的是张某的妻子不知从哪儿听说了这件事，找到学校去大闹了一场，张某当场心脏病发作，没过多久就办病退离开了学校。

真正的朋友是会为对方的成绩而高兴的，而嫉妒心强的人往往会为对方的被提拔、受重用而不平衡。凭什么提拔的是他而不是我？他不就这样吗？你和妒忌者交往越密切，他越不平衡。因为，他知道你的"底细"不过如此；而你又是很平等地与他交往，他很难接受这种位置的变化。人都有很强的好胜心、事业心，看到别人的成就，就会强烈地感觉到自己的挫败。

有人的地方就少不了嫉妒，理解他人的嫉妒心理，也是保护自己不被伤害的先决条件。比如在这个故事中，张某应该想到，两人是大学同学，你晋升为副校长，乔某却只在你的手下当一名处长，其实他的学识、能力、经验等与你相比，并没有很大距离，他心里不平衡这也是人之常情。所以应该尽量理解他，在此基础上再采取相应办法，以便减弱他的嫉妒。但张某是怎么做的呢？他一发现乔某的嫉妒就立刻怒火冲天，甚至还故意疏远乔某。他这样做就好像是火上浇油，让乔某的妒火越烧越旺。结果张某终于中了那支名叫"嫉妒"的冷箭，不得不含恨引退。

嫉妒心强的人感觉到你明显超过他的时候，或者将有升迁机会，他就会设置种种障碍，鸡蛋里找骨头。他们正是要借助挑刺的方式贬低你所取得的成绩和价值，从而达到否定你的目的，嫉妒的恶性膨胀将会构成巨大的阻力，阻挡你获得更大的成功。如果，嫉妒心强的人就在你的社交圈里，他就更容易打击、迫害、中伤你。所以我们千万不能小看嫉妒的危害，为了努力避开嫉妒的冷箭，我们不妨试试以下几点策略：

①弱嫉妒心理

一个天生丽质或才干出众的人，本来就令人羡慕，若锋芒毕露、咄咄逼人，嫉妒的人就增加了，更容易使自己成为注目的对象。因此，不如对自己来些调侃、抑揄或自我嘲讽，并在一些不重要的场合故意给别人一些溢美之辞，以此削弱对方的嫉妒心。

②化解嫉妒之情

对嫉妒的人，不必针锋相对，因为他嫉妒你，就说明你比他强。所以，你完全可以宽容大度，与之友好相处，并给予他尽可能的关心和帮助，在一定程度上可以化解一部分嫉妒心理。

③对嫉妒冷处理

对于妒火过盛者，无论你如何宽容友好，恐怕也无济于事。在这种情况下，最好的办法是不加理睬，"无言是最大的蔑视"，如果站出来辩解，对这种人只会起火上浇油的作用。所以，对无法消除的嫉妒，不加理睬，让嫉妒者自己去折腾。

男人嫉妒他人的智力优势；女人嫉妒别人的美貌绝伦；官场之人嫉妒他人青云直上；市井之人嫉妒别人生财有道。嫉妒在生活中似乎是无处不在的，所以，我们应该多多钻研战胜嫉妒之道，以防不小心成为别人嫉妒枪口下的靶子。

是好意？还是另有他意？

每个人都有私心，人们做什么事都是先考虑到自己的利益。假如有人拼命为你着想，那你就要小心了，也许对方正在打什么歪主意呢！丁宇就吃过一回这样的亏。

丁宇的顶头上司朱经理终于升为总经理了，而丁宇却破产了，因为负债累累，只能东躲西藏。事实上，正是丁宇的负债累累换得了朱经理的高升，故事的来龙去脉是这样的：

那天，丁宇去银行取款，打出租车回来，到了公司门口，下了车才发现皮包破了，钱丢了一半，天啊！整整19万元啊！丁宇吓得脸色苍白，飞奔着跑到朱经理的办公室详细汇报了情况，朱经理沉默了一会儿说："这件事千万不能让人知道！"

"什么意思呢？"丁宇不明白他话里的意思。

他诚恳地为丁宇分析："你是非常正直又认真的人，这一点我知道。你刚才所说的，大概也不是谎话，但是，公司会怎样想呢？"

丁宇默不做声，不知所以，还是没有明白他的意思。

朱经理说："公司也许会认为，这个职员说是遗失贷款，说不定是放进自己的腰包里。大部分人一定会这么认为的。我是十分信任你的，我肯定不这么认为，但是公司一定会持这种看法。你还年轻，可以说前途无量。如果被公司怀疑了，你以后的日子怎么过呢？我是为你担心啊！"

丁宇一下被他的话震呆了，全身颤抖。"19万元的确不是一笔小数目。但是，它却换不回你的大好前途。我若是你，不会把这件事张扬出去，而会想办法补足这一笔款项。"丁宇咀嚼着他的话，不知不觉中觉得他的话越来越有道理——那家伙说钱是被人偷走，其实全都放进自己的口袋里了——同事的这些指指点点如在耳边。就依经理所说的，想办法填补这19万元吧……

经理听后，大加赞赏："这才是最明智的做法。"然后又加上一句："为了你的将来，我绝对不会对任何人说。所以，你千万也不要对任何人提起这事。"

丁宇拿出了自己和父母的积蓄，又托朋友向别人高利息借了钱，补足了丢失的贷款。后来，丁宇才明白朱经理把这件事隐瞒起来，说是为丁宇着想，其实完全是为自己。丢了这么多钱，他作为丁宇的上司也要负很大责任，作为工作失误，丁宇当然会受到处罚，同事也未必如他说的那样怀疑丁宇。

与人交往时，头脑要保持清醒，千万不要被人家骗得说东是东，说西是西，要学会客观地分析前因后果，而不是被人牵着鼻子走。

当我们遇到事情，特别是遇到让人措手不及的事情时，我们就会希望有人能帮我们出出主意，指点一下迷津。这时候就要注意：尽量不要找与这件事有关的人想办法。很明显，他也是当事人，他一定会希望事情朝着有利于自己的方向发展，你找他帮你出主意，无异于与虎谋皮。他不肯帮你出主意还算好的，万一他帮你出点什么馊主意，你可能就会因此而无法翻身了。在这个故事中，朱经理明明也应当为丢钱的事承担一部分责任，他却摆出一副事不关己的样子，为了保住自己的职位，将过失全部转到丁宇头上，在丁宇还没弄清事情的严重程度前让他成为了惟一的牺牲品。不要怪朱经理太奸诈，关键是丁宇没有必要的警觉心，所以才会糊里糊涂地上了人家的当。丁宇本来就应该想到的，朱经理热心给自己出主意的背后肯定有为他自己打算的想法。"人心隔肚皮"，太相信别人就只会让自己受到伤害。

世界上有全心全意为别人打算的好人，但大多是在事不关己的情况下，总之，遇事别太相信别人，自己考虑清楚再做决定才不会吃亏。

注意！乐极生悲！

钓鱼的人要下饵，骗子往往先诱人以小利，许多"聪明人"在见到"甜头"的时候，就忘了"天上不会掉馅饼"的箴言，不加防备地走进人家设好的圈套，以至于不得不独自品尝更大的"苦头"。

11岁的布鲁克林和父亲在芝加哥一条热闹的大街上漫步。经过一家服装店，门口站着一个笑容可掬的圆脸男子。他一见布鲁克林他们，立刻向他父亲伸出手来，一副兴高采烈的样子，嚷嚷道："先生您请进，欢迎您光临本店！我们有一种漂亮的服装，配您的身材再好也不过了！今天大减价，您可别错过良机啊！"

布鲁克林的父亲说："不，谢谢！"他们继续散步。布鲁克林回头扫了一眼，那位能说会道的推销员又缠上了另一个人。他抓着那人的胳膊，边向他介绍一种蓝色带条纹的套装如何如何，边拉着他进了店铺。

"这对康纳利兄弟呀，"父亲轻轻笑道，"他们靠装耳朵聋赚的钱已经供3个孩子上了大学。"

奇怪，装聋也能发财？接着，父亲为布鲁克林解开了疑团。原来，两兄弟中的一个把顾客哄骗进店里，劝说顾客试试新装是易如反掌的，这样前前后后摆弄一阵，顾客最后总要问道："这衣服价钱多少？"

这位康纳利先生把手放在耳朵上："你说什么？"

"这服装多少钱？"顾客高声又问了一遍。

"噢，价格嘛，我问问老板。对不起，我的耳朵不好。"

他转过身去，向坐在一张有活动顶板的写字台后面的兄弟大声叫道："康……纳利……先生，这套全毛服装定价多少？"

"老板"站了起来，看了顾客一眼，答话道："那套吗？72美元！"

"多少？"

"七……十……二美元。""老板"喊道。

他回过身来，微笑着对顾客说："先生，42美元。"顾客自认为走运，赶紧掏钱买下，溜之大吉。

这场骗局的妙处，在于康纳利兄弟的狡猾欺诈与顾客急不可耐的上钩配合默契，相映成趣。生活中这类的事情也屡见不鲜。

一天，牛大爷去城里看望儿子儿媳，走到半路上，突然见到一个精美的首饰盒滚到他的脚边。身旁的一个小伙子眼尖手快，急忙捡了起来，打开一看，里面竟然有一条金项链，还附着一张发票，上面写着某某饰品店监制，售价2800元。但是牛大爷当即拽住小伙子，让他在原地等候失主，可是等了老半天，还是没人来领。

那个小伙子便小声提议两个人私分，说："给我1000元，项链归你。"边说边朝巷口走去。牛大爷一听，这怎么可以，但是看看项链，心里就有点动摇了。他心想："我可以把它送给我的儿媳妇，当年她嫁过来的时候，我们手头不宽裕也没怎么给她买过东西。这次去看他们，正好把这个项链送给她，她一定会很高兴的，这也是我这个做公公的一番心意嘛。"

牛大爷的犹豫没有逃过小伙子的眼睛，他更是一个劲地说这条项链有多好，今天运气好才会遇到的。牛大爷经不住小伙子的游说，便说："可是我没有这么多钱，我是来城里看我儿子的，身上只带了800

块钱。"

小伙子故作大方地说:"这样呀,没关系,我就吃点亏,谁叫您年纪比我大呢?"于是,牛大爷就把好不容易凑到的800块钱给了小伙子,拿着那条金项链美滋滋地向儿子家走去。一到儿子家,他便把路上的事情跟儿子儿媳说了,还拿出那条金光闪闪的项链送给儿媳妇。小夫妻俩一听就不对,果然,那条项链是假的。

牛大爷这才恍然大悟,原来人家设了一个陷阱让他跳,于是他非常懊恼,因为那800块是准备给还没出生的小孙子买些东西的。

牛大爷因为贪吃天上掉下来的馅饼而掉进了圈套中,其实,这些陷阱都是人们自己挖掘的。而人生最可怕的,莫过于跳进自己亲手挖下的陷阱中!

一分辛苦一分收获,世界上没有不劳而获的事情。不要被突如其来的实惠或好运迷惑,天上绝不会无缘无故地掉馅饼。而生活中的陷阱却又实在太多,其实它们都有一个共同特点:就是抓住人们爱贪便宜的心理,使人像中了魔似的不能脱身,毫不犹豫地跳进陷阱里,结果总是得不偿失。面对诱惑多一些思索、多一分清醒,才不会轻易被生活的陷阱欺骗、套牢。

饶过你一次,未必会饶你第二次

在充满竞争的社会里,在推销自己和经营事业的时候,不要指望和别人和平相处,这样的想法会让你不思进取。你必须战胜对手,不然的话你就会被社会埋没、被对手"吃掉"。

也许你曾听说过这样一个故事:日本一家大公司准备从新招的3名员工中选出一位做销售代表,于是,对他们施行上岗前的"魔鬼训练"，予以考核。

公司将他们从横滨送往广岛，让他们在那里生活一天，按最低标准给他们每人一天的生活费用 2000 日元，最后看他们谁剩的钱多。剩是不可能的，一杯绿茶的价格是 300 日元，一听可乐的价格是 200 日元，最便宜的旅馆一夜就需要 2000 日元……也就是说，他们手里的钱仅仅够在旅馆里住一夜，要么就别睡觉，要么就别吃饭，除非他们在天黑之前让这些钱生出更多的钱。而且他们必须单独生存，不能联手合作，更不能给人打工。

第一位先生非常聪明，他用 500 日元买了一副墨镜，用剩下的钱买了一把二手吉他，来到广岛最繁华的地段——新干线售票大厅外的广场上，扮起了"盲人卖艺"，半天下来，他的大琴盒里已经是满满的钞票了。

第二位先生也非常聪明，他花 500 日元做了一个大箱子放在最繁华的广场上，箱子上写着："将核武器赶出地球——纪念广岛灾难 53 周年暨为加快广岛建设大募捐"。然后，他用剩下的钱雇了两个口齿伶俐的中学生做现场宣传讲演，还不到中午，他的大募捐箱就满了。

第三位先生像是个没头脑的家伙，或许他太累了，他做的第一件事是找了个小餐馆，一杯清酒、一份生鱼、一碗米饭，好好地吃了一顿，一下子就消费了 1500 日元。然后钻进一辆被废弃的本田汽车里美美地睡了一觉……

广岛的人真不错，第一位和第二位先生的"生意"都异常红火，一天下来，他们对自己的聪明和不斐的收入暗自窃喜。谁知，傍晚时分，厄运降临到他们头上，一名佩戴胸卡和袖标、腰挎手枪的城市稽查人员出现在广场上。他摘掉了"盲人"的眼镜，摔碎了"盲人"的吉他；撕破了募捐人的箱子并赶走了他雇的学生，没收了他们的"财产"，收缴了他们的身份证，还扬言要以欺诈罪起诉他们……

当第一位先生和第二位先生想方设法借了点路费，狼狈不堪地返回横滨总公司时，已经比规定时间晚了一天，更让他们脸红的是，那个"稽查人员"已在公司恭候！

原来，他就是那个在饭馆里吃饭、在汽车里睡觉的第三位先生。他的投资是用150日元做了一个袖标、一枚胸卡，花350日元从一个拾垃圾的老人那儿买了一把旧玩具手枪和一把化装用的络腮胡子。当然，还有就是花1500日元吃了顿饭。这时，公司国际营销部总课长走出来，一本正经地对站在那里怔怔发呆的"盲人"和"募捐人"说："企业要生存发展，要获得丰厚的利润，不仅仅是会吃市场，最重要的是懂得怎样吃掉对手。"

竞争是一种十分残酷的东西，它不留情面，不循常理。故事中第一位和第二位应聘者便没有真正理解竞争的含义。按常理看，他们做得也很不错，有效地利用了手中的资金，并想出了巧妙的赚钱办法（卖艺和募捐）。可惜的是，他们的眼睛却只盯着市场而忽略了危险的竞争者。第三个应聘者是一个真正的聪明人，当他的对手忙于赚钱时，他却在悠闲地养精蓄锐，然后再想办法出其不意地吃掉对手，可以说他是一个把竞争精神贯彻到实处的人。

竞争就是这样，不是你"吃掉"别人就是被别人"吃掉"，如果头脑里不绷紧了竞争这根神经，就容易中暗算、吃大亏。市场是一块大蛋糕，它不可能被平均分配，在只有几个人分享它的时候，大家或许可以和平共处，双赢互利。但到了僧多粥少的时候，竞争就变得和市场同样重要，有能力战胜对手的人就是胜利者，反之就会被淘汰出局。

生活中，我们可能也会遇到各种各样的竞争，职场上的、爱情中的……我们在提高自己实力的同时，千万不能忘了防范和反击竞争对手，否则，你就会成为失败者。

防人之心不可无

每个人都渴望有一个知心的朋友，但人性是复杂的，知人知面难知心。当你真心实意地去对待别人时，很可能会遭到对方的欺骗或背叛，所以与人交往时还是保留一分戒心吧！

一只母野鸭和一条大花蛇成了邻居，野鸭非常热心，它想"远亲不如近邻"，搞好邻里关系，有事彼此还可以照顾着点儿。于是它就经常给大花蛇送点点心什么的，大花蛇对野鸭也很热情，一口一个"大姐"，嘴儿甜着呢！一段时间后，野鸭当妈妈了，6个可爱的小野鸭在窝里跑来跑去可爱极了。附近的食物吃得差不多了，野鸭妈妈想去远处给孩子们找食物，但又担心孩子的安全。正在为难时，大花蛇跑了来，自告奋勇地要照顾小野鸭："大姐，你去找食物吧！我帮你看着孩子！你看它们多可爱呀，我这个当舅舅的一定要照顾好它们！"野鸭妈妈听了大花蛇的话，就放心地飞走了。傍晚野鸭妈妈满载而归，可是窝里却空空的。小宝宝哪里去了呢？野鸭妈妈放下食物，就赶快去找邻居花蛇。一进门它就看到花蛇躺在床上，肚子鼓鼓的，嘴边还沾着小野鸭的羽毛呢！野鸭妈妈愤怒地哭骂起来，花蛇却无赖地拍拍肚子说："大姐，别哭了，它们不是一只没少吗？说真的，你什么时候再生一窝，味道好极了！"

野鸭会失去孩子就是因为它太早撤去了对朋友的戒心，竟然在不了解花蛇本性的情况下，就将自己的孩子托付给它。有的人可能会觉得野鸭傻的可笑，但在生活中，也有不少人会犯它的这种错误。

段磊是一个开朗、热情、待人真诚的人。大学刚毕业，他被分配到一个工厂的计算机房工作。在那里他的年龄最小，又为人诚恳，他把每一个人都看作是自己的朋友。有一次，单位将一个软件设计的任务交给了他的带班师傅。他的这位师傅三十来岁，看上去挺和善的，段磊对他丝毫没有防备意识，所以有什么话和事都对他说，包括家里的一些事情。那一次设计，他搞了好长时间也没能弄出来。当时段磊看在眼里，就想到自己曾经接触过这类设计，便毫无保留地说出了自己的思路，还让他到自己的家里一块儿研究、上机。后来设计成功了，大家都很高兴，可是，在宣布"有功者"时，却没有段磊的名字。

　　古人一再告诫我们"逢人只说三分话，未可全抛一片心"，但社会上却还是有很多像段磊这样不知江湖险恶的年轻人，跟人家还没有接触多久，就把自己的"真心"交了出去。如果侥幸碰上的是诚实可靠的人，你把"老底"抖给了对方，对方可能会因此和你结成好友，但如果你像段磊一样碰上的是一个老于世故的人，你的真心就会被人利用。所以，如果和人初次见面，或才见过几次面，就算你们一见如故，也不应该一下子就把你的心掏出来，也就是说：对还不了解的人，无论说话还是办事，都要有所保留。

　　友谊的发展都是渐进式的，与其一下子掏出心来，还不如慢慢观察对方，有了了解之后再交心。你可以不虚伪，坦坦荡荡，但绝不能太快把感情投入进去，要给自己多留一点时间思考，这会让你更好地保护自己。初入社会的年轻人尤其要注意这一点，因为有人会故意利用年轻人的真诚和热情打歪主意。他们会把自己打扮成一个亲切的长辈，几句话就会让你把心掏出来，而他们或者是不"掏心"，或者干脆掏一颗"假心"给你，等你走进他们的圈套，你的日子就不好过了。

　　在待人处世中，对刚认识的人，尤其是对那些摸不清底细的人，千万不要轻易"交心"，对他们太过老实厚道，吃亏受伤害的将可能是你自己。

淡泊名利的想法,会让你身心俱爽

身外之物却最能累人,凡是把它们看得很重的人,必易将被名缰利锁所困扰,也难免生活得不悠游自在。迷于心中所好,人也难免看不清更好的前途,更容易因此犯错误,而舍得眼前的诱惑,反而能得到最后的辉煌,不拘于物是大智慧。

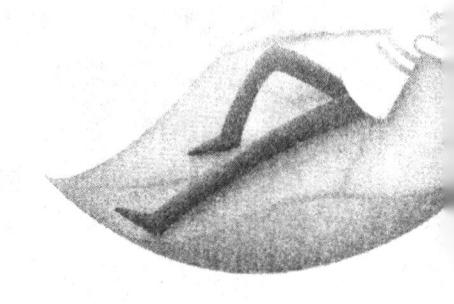

金钱重要还是健康重要？

社会竞争激烈，为了富足的生活，人也忙忙碌碌，但你也不应忘了抽出时间锻炼锻炼身体，看看风景，只有懂得合理休息的人才能有健康的身体，才能有愉悦的人生。

财富可追求却不可强求，每个人都要保持一种平和的心态，摆正财富的位置。那句俗语像是永远的真理：金钱不是万能的，不要只为金钱而生活。

老约翰·洛克菲勒在33岁那年赚到了他一生中第一个一百万，到了43岁，他建立了世界上知名的大企业——标准石油公司。但不幸的是，53岁时，他却成为事业的俘虏。充满忧虑及压力的生活早已压垮了他的健康。

他的传记作者温格勒说，他在53岁时，看来就像个手脚僵硬的木乃伊。洛克菲勒此时因不知名的消化症，头发不断脱落，甚至连睫毛也无法幸免，最后只剩几根稀疏的眉毛。温格勒说："他的情况极为恶劣，有一阵子他只得依赖酸奶为生。"医生们诊断他患了一种神经性脱毛病，后来不得不戴顶帽子。不久以后，他定做了一顶假发，终其一生都没有再摘下来过。

洛克菲勒在农庄长大，曾经有着强健的体魄，宽阔的肩膀，走起路来更是步步生风。可是，对于多数人而言的巅峰岁月，他却已肩膀下垂，步履蹒跚。这位传记作者说："当他照镜子时，看到的是一位老人。他之所以会如此，因为他缺乏运动和休息。由于无休止地工作、操劳，导致严重的体力透支，他也为此付出惨重的代价。他虽然是世界上最富有的人，却只能靠简单饮食为生。他每周收入高达几万美金。可是他一个礼拜能吃得下的食物，要不了两块钱。医生只允许他进食酸奶与几片苏打饼干。他的脸上毫无血色，用瘦骨嶙峋、老态龙钟形容他一点也不为过。他只能用钱购买最好的医疗，使他不至于53岁就离开人世。"

忧虑、惊恐、压力及紧张已经把他逼近坟墓的边缘，他永不休止全心全意地追求目标。据亲近他的人表示，当他赔了钱时，他就会大病一场，在他运送一批价值4万美金的谷物取道伊利湖区水路，保险费用要250美元，他觉得太昂贵就没有买保险。可是当晚伊利湖有暴风，洛克菲勒担心货物受损，第二天一早，他的合伙人跨进他办公室时，发现洛克菲勒还在室内来回踱步。

"快点！去看看我们现在投保是不是还来得及。"合伙人奔到城里找保险公司，可是回办公室时，发现洛克菲勒的情况更糟。因为刚好收到电报，货物已安抵，并未受损！可是洛克菲勒更生气了，因为他们刚花了250美元投保费用。因为这件事，他把自己搞病了，不得不回家卧床休息。想想看，他的生意一年赢利50万美元，他却为了区区250美元把自己折腾得病倒在床上。

拥有百万财产，却怕付之东流。可以肯定地说，他的健康是由忧虑一手毁灭的。他从没有闲暇去从事任何娱乐，从来没有上过戏院，从来不玩牌，也从来不参加任何宴会。马克·汉纳对他的评价是："一个为钱疯狂的人。"

最后，医生终于对他宣布，在财富与生命中任选其一，并警告他如果继续工作，只有死路一条。如果想要长寿人生，洛克菲勒必须遵守三项原则：

第一，避免忧虑。绝不要在任何情况下为任何事烦恼。

第二，放轻松，多在户外从事温和的运动。

第三，注意饮食，只吃七分饱。

洛克菲勒不得不谨记这些原则，也因此捡回一命。他退休了，他开始学打高尔夫球，从事园艺，与邻居聊天、玩牌，甚至唱歌。

不过他还做了别的事。温格勒说："在失眠的夜晚，洛克菲勒有足够的时间自省。他不再想要如何赚钱，他开始为别人着想，思考如何用钱来换取他人的幸福，洛克菲勒开始把他的百万财富散播出去。他捐钱给教会；建立世界知名的芝加哥大学；他也帮助黑人，他捐助黑人大学。后来他更进一步，成立了世界性的洛克菲勒基金会，一直在对抗世界上的疾病与无知。散尽千万财富，帮助那么多人，他终于寻回心灵的平静，真正地得到满足。这时有人会说：'如果人们对洛克菲勒的印象还停留在标准石油公司的时代，那就大错特错了。'"

洛克菲勒开心了，他彻底地改变了自己，已成为毫无忧虑的人。当他遭受事业重创时，再也不为此而牺牲睡眠。

任何人都难以相信，曾为250美元而失眠的人现在竟然如此轻松，也正是掌握健康比金钱更重要的秘诀后的轻松，使他活到98岁。

一个人不应该只为金钱负责，而应首先对自己的身体负责。看看你自己，是否为了赚钱而忽视身体，如果没有，那当然值得庆幸；如果有，那就赶紧将自己解脱出来吧。

别要钱不要命！

对大多数人来说，现在拼命工作，是为了将来可以"少干活"或"不必工作"，希望有朝一日能整天游山玩水，过着享乐的日子，所以现在才努力工作。但对某些人来说，他们之所以工作，因为他们无法从工作中自拔，离不开工作，他们就像一台高速运转的机器一样，完全无法让自己停下来。

2006年5月28日，年仅25岁的华为固网产品线硬件工程师胡新宇，因长期加班导致急性脑炎，经抢救无效去世。两天以后，5月30日深夜，广州市35岁的服装厂女工甘红英猝死在出租屋内。此前4天，她的工作时间长达54小时25分钟，她生前一直在喊"累"。

太多的人在底层为生存为前途拼了命地打拼，疲于奔命。由于工作时间过长、劳动强度加重、心理压力过大，从而导致精疲力竭，甚至引起身体潜藏的疾病急速恶化，继而出现致命的症状，这样就潜伏着"过劳死"的危险。如今，疯狂工作不注意休息的人真是太多了，这种不尊重健康的现象不仅在中国，在全球都是如此，不仅有底层的人士，还有高层的人士。

2005年4月10日上午8点44分，陈逸飞因上消化道出血在上海华山医院去世，享年59岁，这位广受赞誉的"视觉艺术家"，因为劳累而在离60岁还有4天的时候结束了生命。陈逸飞广泛涉足电影、时装、环境、建筑、传媒出版、模特经纪、时尚家居等多种领域，他太有才华了。但是，陈逸飞的去世是因为他玩命工作，是因为一直没有停下来的蒸蒸日上的事业，虽然他已经拥有几辈子都花不完的财富，有显赫的名声。陈逸飞的去世，似乎不仅仅是给那些才华横溢的艺术界的人士以提醒，也是给常年辛苦工作的企业老板们以警示："身体才是革命的本钱。"这句话虽然是老生常谈，却是传世名言。

我们只要稍微回顾一下，就会发现很多人的去世都让人遗憾：2004年11月7日晚，均瑶集团董事长王均瑶，因患肠癌医治无效，在上海逝世，年仅38岁；2004年4月8日，爱立信中国有限公司总裁杨迈由于心跳骤停在京突然辞世，终年54岁；2004年3月4日，52岁的大中电器总经理胡凯因心脏病突发逝世；2002年，青岛啤酒老总彭作义游泳时突发心肌梗塞去世……这些都是大名鼎鼎的企业家，都是令全球关注的企业领袖。

胡新宇事件发生以后，曾经在华担任副总的李玉琢在访谈时说："年轻人参加工作不久，缺乏工作经验和生活积累，为了提高业务，做出成绩，工作上肯定要付出，但绝对不能极端到以损害健康甚至是死亡作为代价。企业也应在潜移默化中营造一种人文关怀，对年轻人的生活给予适当关注。对于某些不会休息的工作狂，甚至要逼着他去休息。"

王均瑶英年早逝后，正泰集团董事长南存辉闻知消息，立即发去唁电表示哀痛，同时也要求集团公司的干部职工要健康工作。能工作还要会休息，这是南存辉一贯的原则。他经常说，一个人每天只有6个小时的有效工作时间，工作时间长了没有效果。他主张提高单位时间内的工作效率，不主张打疲劳战，能站着开会的，不坐着开，能在桌边开会的，不在会议室里开，能写便条的，不下文件。南存辉不提倡主管天天加班，天天熬夜，搞得心脏病复发，而部下天天在"KTV"唱《明天会更好》，有本事的主管应该是把事情交给部下去做，而自己却是轻松的。

会休息的人才是会工作的人。要想有健康的身体必须吃好、睡好、玩好，身心的轻松愉快才是最好的休息。一个人无论做什么，都应该知道在什么时候放下工作轻松一会儿，在紧张的工作中松弛自己的神经。

将挣钱变成享受，将享受融入生活

犹太商人的用钱观念一般是很明确的，其中之一就是："享受生活，享受挣钱。"这样不但能给自己减压，也能够为自己挣更多的钱。

犹太人对饮食很讲究，吃得好，身体也就健康。健康是犹太商人最大的本钱。犹太人对健康有重要影响的因素之一就是充分地休息，犹太人从每周的星期五晚上开始到星期六的傍晚，他们禁烟、禁酒、禁欲，一切杂念皆摒除至九霄云外，一心一意地休息。据说美国纽约，每逢此时，街上来往的汽车比平时减少整整一半。从星期六的晚上开始，犹太人才开始了真正的周末，他们尽情地享乐。犹太人知道惟有健康的身体，才能享受快乐的人生，要想有健康的身体，必须吃得好，并有一定时间的休息。所以，各位忙人朋友千万不要忘记：工作之后，一定要休息。

健康是犹太商人的本钱。这是因为，犹太人自从几千年前被罗马人赶出家园后，几乎没有存身之处，在这样恶劣的环境里，他们始终没有倒下。即便是在"二战"期间的空前灾难中，犹太人一下子被法西斯屠杀了600万，但剩下的犹太人又生存繁衍下来，这实在是因为他们懂得怎样保护自己，怎样去保持自己的身体健康。

犹太人注重休息，也注重享受。犹太人多是商人。商人同普通人相比，有一个特点就是忙，他们几乎没有什么工作定时，随时都有事，只要他愿意，干一辈子也干不完，工作耽搁了，钱就减少，犹太人绝不浪费一分钟时间。

但是，对于犹太人来说身体健康是根本，而身体健康需要休息，休息必将和工作相冲突，怎么办？这时犹太人毫不犹豫地放弃工作，选择休息。

假如你不理解，向犹太人提问："你们工作一小时可赚50美元以上，如果每天休息一小时，一月就少赚1500美元，一年少赚1.8万美元以上，这值得吗？"

犹太人会比你算得更快："假如一天工作8小时不休息，一天可赚400美元，那我的寿命将减少5年，按每年收入12万元计算，5年我将减少60万美元收入。假如我每天休息一小时，那我除损失每天1小时50美元外，将得到5年每天7小时工作所赚的钱。现在我60岁，假设我按时休息还可活10年，那么15万和60万谁大呢？"这在犹太人看来是很简单的道理。

犹太人确实是很精明的，不会休息的人是愚蠢的人！

俗话说："不会休息，就不会工作。"那些不重视休闲生活的人，总是以工作太忙，抽不出时间为搪塞。实际上不走出办公室，是无法体会到海边沙滩日光浴，或去爬山所能享受到的大自然的风情对消除身体疲劳的好处。这些人总是浪费自己的休息时间，使自己一天到晚在紧张忙碌中度过，而这一切对身体健康、提高工作效率、个人生活都是有害的。俗话说："休息是为了更好地工作。"一张一弛，你必须学会强迫自己休息。

有一部分工作繁忙的公司总经理们很注重休息，这些人常常把自己的休息安排得舒适合理，有时哪怕只能有1个小时的放松，也要坚持。我们把休息时间列入作息时间表，与工作同样看重，坚持执行。如果你决定下午抽出一个小时来锻炼身体，就应当丝毫不动摇，绝对不让其他事情来剥夺这段宝贵时间。

因此，劳动、休息、谈话……你需要合理分配时间。能否在事业上成功，实际上主要取决于你怎样去安排时间。应该好好地安排你的休闲时间，且坚决执行。否则，时间的空格就会让繁重的工作所侵占。只有这样，才能"享受生活，享受挣钱"。

别为欲望耗尽生命

很久以前，有一位皇帝经过多年战争终于攻占敌国，高兴之余便下令重赏昔日忠心耿耿的大臣，于是下了这样一道告示：所有三品以上的大臣，都将获得一片土地，而且，土地的多少，由大臣们自己决定，方法是每一个大臣骑一匹马，在三天之内，绕着广袤的土地跑过一圈，圈子里的土地，就归个人所有；三品以下大臣由皇帝赏赐珠宝。

告示刚张贴出来，大臣们中间就沸腾开了，纷纷为国王的赏赐而兴奋不已，大呼英明。几乎每个可以跑马圈地的大臣，都在最快的时间里，找到了各自最好的骏马，准备占领自己相中的土地。其中有一个大臣，身体瘦消，是朝中有名的"贫困户"，官场上钻营了大半辈子，也不过管理一个清水衙门，虽然大贵却无大富的可能。在这次的圈地风潮面前，这位最喜欢占些小便宜的功臣，早已按捺不住内心的激动，心想：自己穷了一辈子，现在终于有机会大大地富贵一把了！自己一定要想个办法圈到最多的土地。

一番苦思冥想之后，这位穷大臣终于有了一个绝妙的计策，不禁喜上眉梢。原来，他为了能比别人得到更多的土地，干脆带足了三天的干粮，发誓要一直不停地跑下去，不到三天绝不下马。

就这样，穷大臣开始了自己的计划。第一天过去了，他就感觉太累了，神思恍惚，只有靠吃点食物才能有点精神。第二天，他握着缰绳的手已经麻木、不听使唤，眼睛也几乎睁不开了，连续两天强打精神，已经让他本来衰老的身体，几乎失去了最后的一丝生气。他太渴望休息一下了，无数次地想要放弃，但是，圈地最多的伟大梦想压倒了一切。

终于，在一轮红日从东方升起的时候，已经在崩溃边缘的穷大臣，开始了第三天的征程。他极度乏力，但却无法进食。他枯坐在马背上，再无法像开始时那样精神抖擞，连拉一拉缰绳，都要拼尽全力，有好几次，他都感到两眼发黑，似乎要从马背上栽下，但是，想到以后自己能成为这个国家最大的地主，他又顽强地坚持着。

日头一点点地向西方移动，三天的跑马圈地期限已近尾声，一个极其壮阔宏大的圆圈即将成形，穷大臣当初的梦想，眼看就要变成现实。此刻胜利在望，穷大臣想起了年轻时鏖战沙场的英姿，不禁想学一学当年的样子，他居然真的举起了臂膀，却没想到，挥起双臂的瞬间，他整个人从马背上摔了下来，再也没有站起。此时，他离盼望已久的终点，只有几百米远。

欲望能助人成功，但也会使人疯狂，其间的区别在于人是否能够理智对待。人的贪欲永无止境，永远无法满足，可是我们的能力、精力有

淡泊名利的想法，会让你身心俱爽

161

限，你必须知道自己的底线，否则就可能会像跑马圈地的穷大臣一样因为贪婪的执念而丧了性命。找到欲望和现实之间的平衡点，你才能更好地控制欲望而不致为其疲于奔命、身心俱累，而为了一时欲望丢了性命是多么不智。

漫看天边云卷云舒

有的人因为对"有"的认识不足，总是在有所得的心态下生活，对于人生的一切似乎都能令我们生起执著。比如在日常生活中，我们会执著地位、执著财富、执著事业、执著信仰、执著情感、执著家庭、执著生存的环境、执著拥有的知识、执著人际关系、执著自身的见解、执著技能所长等。由于执著的关系，我们对人生的一切都产生了强烈的占有、恋恋不舍的心态，执著给我们的人生带来了种种烦恼。

在唐朝有位叫懒残的禅者，由于他修行上的造诣远近闻名。有一天，皇上派了使者来请他，此时禅师正在山洞中烤芋头吃，使者宣读了皇上的圣旨，禅师睬也不睬，时值冬天天气很冷，禅师冻得流着鼻涕，使者见状，劝禅师擦去鼻涕，禅师说：我没有工夫给俗人揩鼻涕。禅师有首写照自己生活的诗，可见他的潇洒自在。

世事悠悠，不如山丘
青松蔽日，碧涧长流
山云当幕，夜月为钩
卧藤萝下，块石枕头
不朝天子，岂羡王侯
生死无虑，更复何忧
水月无形，我常只宁

万法皆尔，本自无生

兀然无事坐，春来草自青。

禅者隐居山林之中，面对青山绿水，一瓶一钵，了无牵挂，对于他们来说，生死都已不成问题了，还有什么可以值得他们操心呢？

佛陀时代，有一位跋提王子，在山林里参佛打坐，不知不觉中他喊出了："快乐啊！快乐啊！"佛陀听到了就问他："什么事让你这么快乐呢？"跋提王子说："想我当时在王宫中时，日夜为行政事务操劳，处理复杂的人际关系，时常又要担心自身的性命安全，虽住在高墙深院的王宫里，穿的是绫罗锦缎，吃的是山珍海味，多少卫兵日夜保护着我，但我总是感到恐惧不安，吃不香睡不好，现在出家参佛了，心情没有任何的负担，每天都在法喜中度过，无论走到哪里都觉得自在。"

"无挂碍故，无有恐怖"：有情因为有执著、有牵挂，对拥有的一切都足以产生恐怖，比如一个人拥有了财富，他会害怕财富的失去，想法子如何保存它；拥有地位，害怕别人窥视他的权位；拥有色身，害怕死亡的到来；穿上一件漂亮的衣服，怕弄脏了；谈恋爱，害怕失恋；拥有娇妻，害怕被别人拐去或跟谁跑了；黑夜走路，害怕别人暗算；在大众场合说话，害怕说错了丢面子。总之，对拥有的执著牵挂，使得我们终日生活在恐怖之中。觉悟者看破了世间的是非、得失、荣辱，无牵无挂，自然不会有任何恐怖。就像死亡这样大的事，在世人看来是最为可怕的，而禅者却也一样自在洒脱。

唐朝的德普禅师在他死亡之前，把所有的门徒全召齐了，问大家："我死了以后你们准备怎样对待我啊？"弟子们立刻表示："我们会以丰盛的果物来祭拜，开追悼会，写挽联。"禅师说："我死了，你们祭我、拜我，我又看不到，不如趁我现在活着，举行这些仪式，让我开心以后再死，好不好？"弟子们听了面面相觑，但又不敢违师命，于是布置灵堂，准备了珍馐美味，写祭文，举行隆重的祭拜仪式，禅师吃饱看足了，很高兴，对弟子们嘉奖一番，悠悠坐化。

对于荣辱，禅者更不会介意。

日本有位白隐禅师，德行很高。他有一个开绸布店的信徒，信徒有个女儿，和一位青年私下相爱，还没出嫁肚子就一天天地突出了。做父亲的很生气，逼问女儿到底是谁造的孽。女儿怕说出男朋友会被父亲打死，她想到了父亲平常最尊敬白隐禅师，于是就说是白隐禅师做的。父亲一听气得要命，就拿了木棒，不分青红皂白把禅师痛打了一顿，禅师也没有辩解。后来此女生了孩子，扔给禅师，禅师又像保姆一样，四处乞求奶汁喂养小孩，到处遭受辱骂与耻笑，禅师一点都不在意，只希望把小孩带大。

在此之前，小姐的男朋友早已吓跑到他乡外地去了，过了好几年才回到家乡，知道了这里发生的一切，就找到了小姐，说："我们怎么可以这样让禅师受辱呢？真是罪过。"于是向小姐的父母说明真相。全家去向禅师道歉，禅师一点也不感到委屈，只简单地说："小孩是你们的，那你们就抱回去吧。"

种种欲望导致人生的各种祸患，因此，《心经》中告诉我们：从照见五蕴皆空认识到一切都如梦幻泡影，不住我相、人相、众生相、寿者，不住色、声、香、味、触、法相，无智无得，心无牵挂，这些欲望也就不能扰乱我们的心境，我们的人生也自由了。

清心寡欲，消除人生隐患

欲望每个人或多或少都会存在，然而，一旦有了实现欲望的机会，能否以道德压制欲望，战胜贪念，就是一个人成功与失败的分水岭。

有欲则会想方设法去追求，苦苦追寻不得就会徒生烦恼。古往今来有多少贪财好名之徒为此而断送了前程、断送了性命。清朝乾隆年间的和宠臣和珅是世上最有名的贪官，据说，他的家产总计等于大清朝15年的国库收支。然而这么一位大贪官在自缢前却写下了一首感悟诗：

夜色明如水，嗟尔困不伸。百年原是梦，卅载枉劳神。室暗难挨算，墙高不见春。星辰环冷月，累绁泣孤臣。对景伤前事，怀才误此身。余生料无几，辜负九重仁。

古人言："人之将死，其言也善。"这是大贪官和珅在狱中所写的一首绝笔诗，诗中"对景伤前事，怀才误此身"两句，堪称神来之笔。观和珅绝笔诗，何止是"善"，其悟也深啊！只可惜欲望害了他，醒悟得太迟了。

顾恺之是南北朝时宋国吴郡太守，由于他政治清简，风节严峻，故素为人们所敬重。

一天，他的一位朋友来看望他，告诉他说："你的儿子顾绰，这些年来，不择手段地收积了许多钱财。而且，还在外放债，收取高利也不择手段。如不加管束，怕是会愈演愈烈啊！"

送走了友人，顾恺之叫来了儿子顾绰。叫顾绰把装满了债券的箱子打开。他仔细看了看，没有假。直起腰来，突然大声呼唤道："侍从过来！"

几个侍从跑了过来。他们将一箱子债券抬到院子中，点起了一堆火，然后忽地一下，将全部债券投入火中。

将债券烧毁后，顾恺之又对侍从说："传言乡里有借顾绰债的，一笔勾销，不用还了！"远近乡里，那些借债的、没借债的，听到这个消息，无不赞扬顾恺之严于律己，严于教子，清廉公正的品格。

财富是人类文明发展的象征，追求财富，拥有财富并不是人性的弱点，关键是获取财富的途径。

有道是：君子爱财，取之有道。通过自己的智慧和能力挣来的财富，是一个人的光荣，如果利用权力贪污受贿得来的财富那就触犯了刑律，顾恺之的儿子顾绰通过放高利贷的办法去获取财富，是不仁不义的行为。坐拥不义财,离灾祸已经不远。顾恺之毕竟是饱经风霜,深明世故,他设计烧毁了儿子的债券,表面看令儿子失去了一些财产,但从长远看,是切断了儿子生命中的隐患,实乃明智之举。

清心寡欲处世之人,视钱财与功名如外物。不会被欲望所左右,他们能够自由支配人生命运,享受无欲而获得的怡然之乐。

东晋时,吴隐之经旧邻韩康伯的推荐,开始出任"辅国功曹",随后官职不断升迁,并历任卫将军主簿、晋陵太守、左卫将军、广州刺史、太常、中领军等职。

然而他却没让生活随着他官职的升迁而奢华,依然过着清贫的日子。下属们都有些不解,有人曾经问他:"你寒窗苦读,有了今天的地位也不想改善自己的生活,你不觉得有点吃亏吗?"

吴隐之则说:"一个人读书做官如果只为了贪取富贵,他的人生理想就十分低俗,人生也就无味了。读书做官对这些人而言便是件坏事,是促其堕落的平台,又有什么值得称道呢?我不想成为这种人。"吴隐之每月领到俸禄,第一件事便是接济贫穷的亲友和乡邻。他的家人起初并不赞成,常常责备他:"你不贪不占,这在做官的人中已是很难得。我们家也不富裕,倘若再将辛苦所得的俸禄白白送给别人,当官还不如做百姓呢!"

吴隐之为了让家人理解自己,耐心做他们的工作,劝诫他们说:"戒除贪心不是件容易的事,这需要时时刻刻地努力。我也担心自己一旦富裕起来,就开始追求享受了,现在清苦一些是好事啊!"

吴隐之清廉有德,朝廷对他屡有褒奖,十分信任。当富庶的广州地区的官吏贪污丑闻不断时,朝廷任命吴隐之为广州刺史,在当时来说就是广州地区的最高官员。吴隐之在广州任上之后,不负众望,严惩了一大批贪官污吏和不法商人,使当地习俗日趋淳朴,官吏奉公守法。

吴隐之之所以能够做到不贪、受人尊重,这很大的功劳应记在他有一颗无欲之心上。无欲之人,不会因为贫穷而办鸡鸣狗盗之事,更不会因为富贵而变得奢靡起来；无欲之人，不会因为无权而献媚于人前，更不会因为有钱而鱼肉百姓、聚敛财富。

我们常常被欲望缠身，被欲望搅得吃睡不香。人生短短几十年，谁能没有些想法呢，谁又不希望自己活得更舒服些呢？于是，欲望把我们支配得如无头苍蝇般滴溜乱转，让我们的身心都疲惫不堪，却很难有所得。无欲而怡然，我们缺少的就是一种淡泊明志的心怀、老僧入定的境界，试着去探寻这种境界，找回属于我们的那份怡然生活。

莫被欲望迷住心窍

《佛说生经》上说：一切世间的欲望，没有一个人不想满足，这些有着非常大的危害，为什么还要自找伤害？大大小小的河流，大都流归大海。欲望不能满足，贪念没有止境。

是啊，欲望像越滚越大的雪球，蛊惑着人们拼命向前。那个向前通向幸福吗？幸福的标准又是什么呢？有许多人都不知道。人们的心灵被欲望占据久了，都有些麻木了。

有一个从事房地产的年轻人，经过自己几年的打拼，在本地已小有名气了。他每天的生活就像上足劲的发条一样，被传真、资料、甲方以及各种方案充塞得满满的。

一天，他加班到很晚。从公司出来后，走了很远的路也没有叫到车。走得热了，他停下来，解开领带，仰头出了口气。这时，他吃惊地看见星星在丝绒般的夜幕中闪烁着，洋溢着一种无言的美丽。一如他大学毕业前的最后一晚，几个要好的同学躺在学校图书馆前的草坪上看到的那样。那一晚，他们深深被血脉中扩张的青春激动着，广袤的星空与未来的前途一片光明。从那以后，他几乎再也没有时间去注视过夜晚的星空了。因为从他走入社会，他一直保持着弯腰向前奔跑的姿势。太忙了，欲望总在膨胀，目标总在前方，于是他不停地向前奔跑着……

每个夜晚的这个时刻，他多半在应酬或是在作楼盘计划和方案，他从没有想过哪怕透过一扇小窗，去望望宁静的夜空，倾听心灵一些细小的声音。

今天，当自己站在这静谧的星空下，他突然想起以前在大学看过一位日本餐饮业巨头总结的成功之道：在其连锁店中能提供给顾客的，永远是17厘米厚的汉堡与4℃的可乐。据他的研究人员研究发现，这是令客人感觉最佳的口感。当然，你也可以选择把汉堡做成20厘米厚，把可乐加热到10℃，但它们并不意味着最佳口感。

对于幸福，其实也只要17厘米和4℃就够了。幸福，它是一路上持续发生的，就如深夜静谧而美丽的星空所带给人的震撼，而非那个令人疲惫的终极雪球。

幸福到底是什么？许多人都在问，其实得到幸福很简单。听一听自己内心的声音，扔掉那些对自己来说十分奢侈的梦想和追求，那么，你就被幸福包围了。

有位著名的心理学家说："一个人体会幸福的感觉不仅与现实有关，还与自己的期望值紧密相连。如果期望值大于现实值，人们就会失望；反之，就会高兴。"的确，在同样的现实面前，由于期望值不一样，你的心情、体会就会产生差异。

一只老猫见到一只小猫在追逐自己的尾巴，便问道："你为什么要追自己的尾巴呢？"小猫回答说："我听说，对于一只猫来说，最为美好的便是幸福，而这个幸福就是我的尾巴。所以，我正在追逐它，一旦我捉住了我的尾巴，便得到了幸福。"

老猫说："我的孩子，我也曾考虑过宇宙间的各种问题，我也曾认为幸福就是我的尾巴。但是，我现在已经发现，每当我追逐自己的尾巴时，它总是一躲再躲，而当我着手做自己的事情时，它却形影不离地伴随着我。"

同样道理，在现实生活中，人们总是喜欢拼命地追求、索取，以为这样便可以得到幸福，殊不知，当你费尽心机地实现了这个目标，消除了一个烦恼，很快你又会有新的没有实现的目标，你又会烦恼。如此反复，永无尽头。事实上，人们追求的东西往往是自己并不需要的。

成龙拍完《我是谁》这部大片之后，在一次采访中说，他拍电影的场地从非洲到繁华的都市，有着很深的感触。他说："在非洲，人们很容易满足，有面包能吃饱肚子，那就是幸福的一天。可是，繁华都市里的人，不用担心三餐，却有着很多的烦恼，他们总是在追求自己所不需要的东西。"

其实，追求幸福最有效率的方法就是"降低你的欲望"。通过心理调节，使自己能够平静地对待目标，从而减轻或消除心理负担，幸福也就会悄然而至。在世界上所有获得幸福的途径中，这种方法的投入产出比最高，它基本上不用你花一分钱，有时甚至能省钱。

一位智者说："人生不同的结果起源于不同的心态。"的确，假如世界变得灰暗，那是你自己心中不够灿烂。只要降低一份欲望，你便会得到一份幸福。

不累于俗，不拘于物

有个商人娶了4个老婆：第一个老婆伶俐可爱，像影子一样陪在他身边；第二个老婆是他抢来的，美丽而让人羡慕；第三个老婆，为他打理日常琐事，不让他为生活操心；第四个老婆，整天都在忙，但他不知道她忙什么。

商人要出远门，因旅途辛苦，他问哪一个老婆愿意陪伴自己。

第一个老婆说:"我不陪你,你自己去吧!"

第二个老婆说:"是你把我抢来的,我也不去!"

第三个老婆说:"我无法忍受风餐露宿之苦,我最多送你到城郊!"

第四个老婆说:"无论你到了哪里我都会跟着你,因为你是我的主人。"

商人听了4个老婆的话颇有感叹:"关键时刻还是第四个老婆好!"于是他就带着第4个老婆开始了他的长途跋涉。

其实,这里所说的这4个老婆就是我们自己!

第一个老婆指的是肉体,人死后肉体要与自己分开的;

第二个老婆是指金钱,许多人为了金钱辛劳一辈子,死后却分文不带,无非是水中捞月;

第三个老婆是指自己的妻子,生前相依为命,死后还是要分开;

第四个老婆是指个人的天性,你可以不在乎它,但它会永远在乎你,无论你是贫还是富,它永远不会背叛你。

如果有一个地方,能让我们心安,能让我们抛却浮躁,那不正是我们理想的栖息地吗?我们又何必刻意地去寻找呢?一片生机盎然的花圃,一座巍巍葱茏的大山,一场密密匝匝的雪花,一本泛着墨香的书卷,都可以成为我们自由的栖息地,都可以容纳我们放逐的心灵和漂泊的意志。

要想自由地栖居,必须耐得住寂寞,放得下繁华。如果心恋浮华,不舍喧嚣,是不会得到心灵的安顿的。这就好比一个人,终日汲汲于富贵,切切于名禄,桎梏于外物,他又怎么可能出离尘世而追寻幽独?又好比是一匹马,如果被拴上了车套,它只有一味地卖力奔驰,哪还会有机会停下来思索自己的生命呢?

要有自己自由的栖息地,就不要受拘于外物。因为外物总是短暂而容易腐朽的,只有生命的灵魂才是永恒。我们又怎能让短暂的腐朽来妨害对于永恒的生命的思索呢?

穷人和富翁在湖边晒太阳。富翁问穷人："你为什么不去租条船，搞海运呢？"

穷人问："然后呢？"

"然后就可以做大买卖赚很多钱。"

"再然后呢？"

"你就可以买条船，创立自己的商队。"

"接着呢？"

"接着你就发财了，成了和我一样的富翁。"

"成为富翁又如何呢？"

"可以悠闲地在湖边晒太阳"

"我现在不正在悠闲地晒太阳吗？"穷人最后说道。

不拘于物是一门哲学，需要有大智慧，需要懂得放下。智慧会让我们生活得快乐充实；放下会让我们生活得轻松无羁。不要顾忌舍弃而拒绝简单的生活，那样的话，你将不堪重负，顾虑重重，心力交瘁，六神无主……

有的人对生命有太多的苛求，弄得自己生活在筋疲力尽之中，从没体味过幸福和欣慰的滋味，生命也因此局促匆忙，忧虑和恐惧时常伴随，一辈子实在是糟糕至极。需知月圆月亏皆有定数，岂是人力所能改变的？不如放下，给生命一份从容，给自己一片坦然。你要知道，错过了太阳，不是还有浩渺的繁星在等待吗？

人生一切痛苦的根源，就是对于外物的追求和执著。超越外物，就是超越自我。无物也就是无我，自己的心境也就不会随着外物的变化迁移而波动。也就不会陷入"是进亦忧，退亦忧"的境地，不拘于物，才能造就真实的自我。

得意之时，勿忘形骸

金钱是生活的必须，是衣食住行的基本保证，没有它就不能在钢筋水泥的城市中生存。珍惜你的金钱并不是教你吝啬，而是把钱用在该用的地方。假如你过分地炫耀你如何如何有钱，那么，你便将你的财富置于危险的境地。

有这样一则笑话：有位一夜暴富的大款，坐着名牌跑车，戴着名牌手表，脚穿名牌皮鞋。总之，凡是能炫耀的地方，全都是名牌货。一日，他驾车外出兜风，发生恶性交通事故。他幸免于难，当救护人员费了九牛二虎之力，把他从车厢里救出来时，他一看被撞毁的豪华轿车，便号啕大哭：“哎呀！我的奔驰呀！”这时，一名救护人员发现大款的胳膊已被撞断了，便生气地对他说：“就知道哭你的车，瞧瞧你的胳膊吧！”大款看了一眼胳膊没有说什么，接着又大哭起来："哎呀！我的劳力士呀！"

物质上的充足代替不了精神上的空虚。除了可以炫耀的财富之外，没有风度，没有学识，没有理想，没有修养，真是"穷"得只剩下了钱。一个视金钱比生命还重要的人，与其说他拥有财富，还不如说他是财富的奴隶。

当代有的年轻人，总喜欢把尊严和金钱相提并论，以为有了钱就有了尊严，炫耀财富即是高贵身份的体现。其实不然，这根本就是截然不同的两个概念，金钱买不来真正的尊重，而人的尊严也无法用金钱衡量。

对自己的财富应该珍惜，但无须过分炫耀。铺张浪费，不如勤俭节约。在台湾商界赫赫有名的"威京小沈"沈庆京，拥有数十亿的资产。

这位白手起家的富豪平常不太注意吃穿，就连领带有时候也不打，朋友偶尔批评他的西装款式不新，料子不好，他总是不以为然地回答："马马虎虎啦！"不过，公司内的影印纸消耗过多，或电灯没有随手关掉，常会遭到他责骂。

一个人的尊严并非高高在上，高不可攀的，以平等平视的角度看待世界，不必对世态常情耿耿于怀便是一种尊严的体现。

对于人情冷暖，世态炎凉，要有超然的态度才算得上大彻大悟。但很多人都没有这种超然的态度，殊不知趋炎附势乃世态常情。

假使你过分地炫耀你的财富，只为抬高虚荣身份，正好说明你的庸俗。这样你只会离人们越来越远，甚至被完全孤立起来。当你把财富用在该用的地方时，人们反而会更加尊重你。

苦乐随缘，释然是一种大智慧

"不以得为喜，不以失为忧"，是一种非常良好的心态。这种心态的优势是专注于自己的事情，不因一时得失而忧心忡忡或兴奋狂跳。也不要大喜大悲，那样会使我们失去冷静。

要以一种泰然处之的心态去面对。生活是我们的导向，它能把我们从痛苦中引领出来。在沉重的打击面前，需要有处乱不惊的乐观心态。冷静而乐观，愉快而坦然。在生活的舞台上，要学会对痛苦微笑，要坦然面对不幸。

任何事情都有它的两面性。成就能给你带来快乐，也可以给你带来烦恼。不要过分地去追求，也不要过分地重视自己的地位，你便会过得坦然而自信。

量子论之父马克斯·普朗克的一生并不是一帆风顺的。中年的时候妻子逝世；在第一次世界大战期间，他的长子卡尔在法国负伤而亡；他的两个孪生女儿也都在生孩子后不久，分别相继去世。

第二次世界大战中，不幸的遭遇又一次降临到普朗克的头上。他的住宅因飞机轰炸而焚毁，他的全部藏书、手稿和几十年的日记，全部化为灰烬。1944年末，他的次子被认定有密谋暗杀希特勒的"罪行"而被警察逮捕。普朗克虽采取了多方的求助，但依旧没有挽救得了儿子的性命。

对于这些不幸，普朗克说："我们没有权利只得到生活给我们的所有好事，不幸是自然状态……生命的价值是由人们的生活方式来决定的。所以人们一而再、再而三地回到他们的职责上，去工作，去向最亲爱的人表明他们的爱。这爱就像他们自己所愿意体验到的那么多。"

对于自己遭遇的一个又一个的不幸，普朗克都能正确地对待，他没有被这些不幸击倒，也始终没有忘记自己人生的意义。

一个人的坦然，是一种生存的智慧。生活的艺术，是看透了社会人生以后所获得的那份从容、自然和超然。

一个人要能自在自如地生活，心中就需要多一份坦然。笑对人生的人比起在曲折面前悲悲戚戚的人，始终坚信前景美好的人较之脸上常常阴云密布的人，更能得到成功的垂青。

马克·吐温被评论家们称羡为美国最伟大的爱开玩笑的人，他也是美国最伟大的哲学家之一。他从小就已经接触到生活的种种悲剧：他的两个哥哥和一个姐姐，在他年少时相继死去；他的4个孩子，在他还活在人世的时候，也都一个个先他而去。他饱尝了生活的苦楚艰辛，可他坚信，如果用欢笑作为止痛剂来减轻苦痛，也能够得到乐趣。我们可以适当地使自己处于超然的地位，来观赏自身痛苦的情景。

在沉重的打击面前，需要有处事不惊的乐观心态，这样就能战胜沮丧，化坎坷崎岖为康庄大道。你可能一时丢掉了原本属于你的东西，或是错过了一次机会，但是，在精神上绝不能失望。冷静而达观，愉快而坦然，是成功的催化剂，是另辟蹊径、迎接胜利的法宝。

无所欲，无所求，只愿有个好的体魄，有个幸福的家庭，衣能裹体，食能饱腹足以。这是一种超境界的平常心态。

摒弃世俗的偏见，豁达、洒脱，无忧无虑地承受人生百味，争取做到富不狂，贫不悲，宠不荣，辱不惊，真正拥有一种健康、平和的心态，痛痛快快地享受人世间的阳光和温馨。

1914年12月的一天晚上，爱迪生所在的新泽西州某市的一家工厂失火，将近100万元的设备和大部分研究成果被烧得一无所有。第二天，这位67岁的发明家在他的希望和理想化为灰烬之后，来到现场。大家都用同情和怜悯的眼光看着他，而他却镇定自若地对众人说："灾难也有好处，它把我们所有的错误都烧光了，现在可以重新开始。"正是这种超凡脱俗的乐观心态，使这位大发明家在事业上步步迈向成功。

这个世界上有太多的诱惑，就有太多的欲望。一个人需要以清醒的心智和从容的步履走过岁月，他的精神中必定不能缺少淡泊。淡泊是一种境界，更是人生的一种追求。虽然，我们每个人都渴望成功，但我们更需要的是一种平平淡淡的生活，一份实实在在的成功。

得意也罢，失意也罢，要坦然地面对生活的苦与乐。假如生活给我们的只是一次又一次的挫折，也没什么的，因为那只是命运剥夺了我们活的高贵的权利，但并没有夺走我们活的快乐和自由的权利。

因为生活里是没有旁观者的，每个人都有一个属于自己的位置，每个人也都能找到一种属于自己的精彩。坦然，会让我们的生活美丽而快乐！

宠辱不惊，闲看庭前花开花落

　　历来的士大夫阶层文化人，有些精神追求的人，往往在荣辱问题上采取顺其自然的态度。或仕或隐，无所用心，如孔子所说："天下有道则见，无道则隐。"能上能下，宠辱不计，只要顺势、顺心、顺意即可。这样一来既可以在条件允许的情况下为百姓做点好事，又不至于为争宠争禄而劳心劳神，去留无意，亦可全身远祸；有时在利害与人格发生矛盾时，则以保全人格为最高原则，不以物而失性、失人格。如果放弃人格而趋利避害，即使一时得意，却要长久地受良心谴责。

　　如何看等荣辱，什么样的人生观自然会有什么样的荣辱观，荣辱观是一个人人生观、处世态度的重要体现。公侯伯子男，有人以出身显赫作为自己的荣辱。在商品经济社会里，荣辱则以钱财多寡为标准。所谓"财大气粗"，"有钱能使鬼推磨"，"金钱是阳光，照到哪里哪里亮"，以及"死生无命，荣辱在钱"，"有啥别有病，没啥别没钱"等等俗话正是揭示了以钱财划分荣辱的标准。

　　在荣辱问题上，做到"难得糊涂"、"去留无意"，这才叫潇洒自如，顺其自然。一个人，当你凭自己的努力、实干，靠自己的聪明才智获得了应得的荣誉、奖赏、爱戴、夸耀时，应该保持清醒的头脑，有自知之明，切莫受宠若惊，飘飘然，自觉霞光万道，所谓"给点光亮就觉灿烂"。无可无不可，宠辱不惊，当如古人阮籍所云"布衣可终身，宠禄岂足赖"，一切都不过是过眼烟云，荣誉已成过去时，不值得夸耀，更不足以留恋。另一种人，也肯于辛勤耕耘，但却经不住玫瑰花的诱惑，有了荣誉、地位，就沾沾自喜，飘飘欲仙，甚至以此为资本，争这要那，不能自持。更有些人，"一人得道，鸡犬升天"，居官自傲，横行乡里，他活着就不让别人过得好。这些人是被名誉地位冲昏了头脑，忘乎所以了。

建文帝四年六月，朱棣攻下应天，继承帝位，改号永乐，史称成祖。论功行赏，姚广孝功推第一。故成祖即位后，姚广孝位势显赫，极受宠信。先授道衍僧录左善世。永乐二年（公元1404年）四月拜善大夫太子少师。复其姓，赐名广孝。成祖与语，称少师而不呼其名以示尊宠。然而当成祖命姚广孝蓄发还俗时，广孝却不答应；赐予府第及两位宫人时，仍拒不接受。他只居住在僧寺之中。每每冠带上朝，退朝后就穿上袈裟。人问其故，他笑而不答。他终生不娶妻室，不蓄私产。惟一致力其中的，是从事文化事业。曾监修太祖实录，还与解缙等纂修《永乐大典》。学术思想上颇有胆识，史称他"晚著道余录，颇毁先儒"，当然，也曾招致一些人的反对。

永乐十六年（公元1418年）三月，姚广孝84岁时病重，成祖多次看视，问他有何心愿，他请求赦免久系于狱的建文帝主录僧溥洽。成祖入应天时，有人说建文帝为僧循去，溥洽知情，甚至有人说他藏匿了建文帝。虽没证据，溥洽仍被枉关十几年。成祖朱棣听了姚广孝这惟一的请求后立即下令释放溥洽。姚广孝闻言顿首致谢，旋即死去。成祖停止视朝二日以示哀悼。赐葬房山县东北，命以僧礼隆重安葬。

在明王朝初年那风云变幻、惊心动魄的政治舞台上，姚广孝以一个和尚的身份掩饰自己，觊觎权柄，殚精竭虑的策划兵变，导演了一出复杂而又尖锐的历史话剧，用计以坚朱棣反叛之志，训练军队鹅鸭乱声，又寡敌众智保北平以及疾趋京师并终于使江山易主，都表现了他多方面的惊人才智和谋略。至于他功高不受赐，则反映了他对统治阶级上层残酷倾轧的清醒认识和明哲保身的老谋深算。

商业社会，要真正做到脱离物质而一味追求人格高尚纯洁确实很难。但要有了人格追求，起码可以活得轻松潇洒些，不为物质所累，更不会为一次晋级、一次调房、一次涨薪而闹得不可开交，即使不争不闹心中也闷闷不乐，郁郁寡欢；也不会为功名利禄而趋炎附势，投其所好，出卖灵魂，丢失人格。现实生活中，每个人都可能有一两次这样的经验和体会，当你放弃利害，保住人格时，那种欣喜愉悦是发自肺腑的，淋漓尽致的。一个坦坦荡荡的人，他的心是宁静安逸的；而蝇营狗苟的小人，其心境永远是风雨飘摇的。

得到了荣誉、宠禄不必狂喜狂欢，失去了也不必耿耿于怀，忧愁哀伤，这里面有一个哲理，即得失界限不会永远不变。一切功名利禄都不过是过眼烟云，得而失之，失而复得这些情况都是经常发生的，意识到一切都可能因时空转换而发生变化，就能够把功名利禄看淡看轻看开些，做到"荣辱毁誉不上心"。

宽容忍让的想法，会令你"德"、"益"双收

宽容忍让是处世良方，是成功之钥，是人际关系的润滑剂。有宽容忍让之心，事过不留痕，心态更旷达，有宽容忍让之心，家庭更和睦幸福，有宽容忍让之心，生活更轻松。而不懂得宽容忍让就难免小事成大，惹火烧身。追寻历史，我们会发现能够成就大事的人都有大气量，都能容他人之所不能容，忍他人之所不能忍，懂得适时低头，欲进先退。

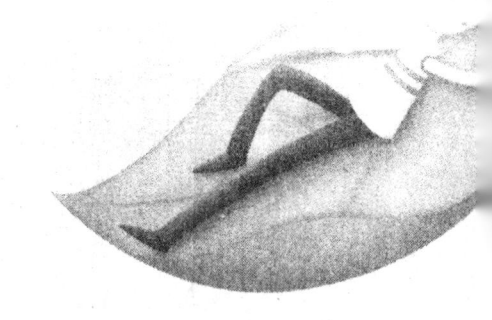

宽容会为你拉拢人心

歌德说："人不能孤立地生活,他需要社会。"良好的人际关系,不仅能给人生带来快乐,而且能助人走向成功。而宽容的品质则是建立良好人际关系的基石,在相互宽容谅解中求得共同的发展和进步是一种良好的愿望。一个人只有具备了宽容的品质,才会懂得理解和尊重他人,才会有爱人之心,有容人之量,成为识大体、顾大局的人。善待别人就是善待自己。

古人说得好："尺有所短,寸有所长","金无赤足,人无完人"。每个人都有优点和不足,世上有能人,但绝对没有完人。每个人独立的个性差异决定了人与人之间的矛盾不可避免。要解决这些矛盾,就必须具备宽容。宽容的前提是什么?是赏识!只有会赏识的人才有宽容的品质,也只有具有赏识之心的人才称得上是宽容的人。我们知道,人性中最本质的需求就是渴望得到赏识,人都是为了得到别人的赏识而活,不会是为了挑剔而活吧,相信百分之百的人从内心都是愿意和赏识自己的人一起工作、一起生活,而不愿意和整天横挑鼻子竖挑眼,对这不满意、对那不顺眼的人在一起。人,或多或少都有这样或那样的不足,因此,要做到宽容,就要学会用"电脑窗口"功能,看他人优点时最好使用"最大化",看缺点时和不关要紧的事最好使用"最小化"。

宽容是高尚的人格修养、宰相胸襟、大将风度。要心怀坦荡,宽容他人,就必须做到互谅、互让、互敬、互爱。互谅就是彼此谅解,不计较个人恩怨。人都是有感情和尊严的,既需要他人的体谅,又有义务体谅他人。有了互相之间的谅解,就能清心降火,在任何情况下,保持平静的心境和宽厚的品格。互让,就是彼此谦让,不计较个人名利得失。

心底无私天地宽，淡薄名利，摒弃私心杂念，自觉做到以整体利益为重，把好处让给别人，把困难留给自己，相互之间的矛盾关系就容易处理。争名于朝，争利于市，凡事先替自己打算，对个人得失斤斤计较，是难以与他人和睦相处的。互敬，就是彼此尊重，不计较我高你低。尊重别人是一种美德。"敬人者，人自敬之"，尊重别人，自然会获得别人的尊重。如果无视他人的存在，不尊重他人的人格，就不会有知心朋友。互爱，就是彼此关心，不计较品格气质的差异。爱能包容大千世界，使千差万别、性格迥异的人和谐地融为一个整体；爱能融化隔膜的坚冰、抹去尊卑的界线；爱能化解矛盾芥蒂，消除猜疑、嫉妒和憎恨，使人间变得更加美好。

宽容就是正视自己，善待"弱者"。认识自己、正视自己不容易，要善待"弱者"更不容易。我们都是凡夫俗子，不可能是完人，不可能没有错误，当我们发现自己犯了错误的时候，不要过分地忧心忡忡，要及时诚恳主动道歉，让对方感觉你的诚心。当别人有了过错的时候，我们要善待对方，不要满脸的阶级斗争、得理不让人，什么都要讨个公道，什么都争高低和强弱，要从别人的角度考虑问题，不要把自己的思维方式强加于人。当然，宽容有度，宽容不是纵容，我们对一些事也要讲理，但即使要讲理，也要晓之以理，注意别人的自尊和承受度，要让人体会到你对他的尊重，特别不能搞"株连"、"算总账"，否则你会导致自己的心理错位，也会使矛盾扩大化。善待别人，其实就是善待自己，我们何乐而不为？

宽容就是学会淡忘，用感恩的心情对待生活。或许你曾经遭遇过成功后遭人嫉妒的痛苦；或许有人因处事不公亏待过你；或许有人方式不当让你受尽了委屈；或许有人因势利伤害了你……对于这些，你大可不必耿耿于怀，忿忿不平，既不要将自己想当然的一些东西强加于无关的人，更不要想到要以牙还牙，采取什么办法变本加厉"回敬"对方、中伤对方。最好的办法是不要把这些让你不快乐的事放在心上，如果你始终跟自己过不去而处于一种烦恼心态，无疑只会在自己心里种下刻薄的阴影，最后形成一种恶性循环。我们必须要学会忘记，乐观地把它作为生活的积累，学会感恩，感谢生活给你磨练自己的机会，要用自己的人格魅力去感化对方，因此，忘记有时也是对自己最好的爱护。

宽容需要提高素养，开拓视野。人与人之间的封闭、孤独而不善交往，就会让人心胸狭窄，宽容也就无从谈起了。因此，要尽可能地创造条件，广交朋友，多见世面，不要把自己限制在自己固有的小天地里。同时还要不断加强学习，提高自己的素养，激发生活的热情，让生活充满阳光，让心灵充满阳光，这也是一种我们追求的高品质生活。

遇事退让，少几许纷争多几分和谐

生活中难免遇上贪图小便宜的人，如果我们斤斤计较，不免生出摩擦，你争我斗，让周围的人看了笑话，而如果能豁达一些，退让一步，忍让三分，平心静气，互礼互让，反而成就一番佳话。

古时候有个叫陈嚣的人，与一个叫纪伯的人做邻居。有一天夜里，纪伯偷偷地把陈嚣家的篱笆拔起来，往后挪了一挪。这事被陈嚣发现后，心想，你就是想扩大点地盘呗，我尊重你的愿望，满足你的需要，于是等纪伯回家后，陈自己又把篱笆往后挪了一丈，给纪伯让出了更大一块地盘。天亮后，纪伯发现自家的地宽出许多，觉察到陈嚣在让他，感到很惭愧，不仅把侵占的地还给陈家，还主动向后退让一丈。这事情让当地的周太守知道了，非常赞赏陈嚣的行为和这行为带来的互让效果，抓住这个典型大力宣传，还命人立碑表彰，并将这个村子改名"义里"。

由此可见，忍让常常能带来互让；互让，就是一种互尊。互尊就是保持邻里、社会生存环境安宁、和谐的心理条件，是一种精神文明。假如陈发现纪夜拔篱笆占地的占小便宜行为不忍、不让，其后果会怎样？

遇事能忍让消除烦恼，便大事化小，小事化了，而且又能感动对方，出现一些意想不到的好效果，人心都是肉长的，人心也都是可以烘热的，你的淡泊，你的忍让，不仅免除了纷争，很可能换来对方的义举，事情会得到更圆满的解决。

杨玢是宋朝尚书，年纪大了便退休居家，无忧无虑地安度晚年。他家住宅宽敞、舒适，家族人丁兴旺。有一天，他在书桌旁，正要拿起《庄子》来读，他的几个侄子跑进来，大声说："不好了，我们家的旧宅被邻居侵占了一大半，不能饶他！"杨玢听后，问："不要急，慢慢说，他们家侵占了我们家的旧宅地……""是的。"侄子们回答。杨玢又问："他们家的宅子大还是我们家的宅子大？"侄子们不知其意，说："当然是我们家宅子大。"杨玢又问："他们占些旧宅地，于我们有何影响？"侄子们说："没有什么大影响，虽无影响，但他们不讲理，就不应该放过他们！"杨玢笑了。

过了一会儿，杨玢指着窗外落叶，问他们："那树叶长在树上时，那枝条是属于它的，秋天树叶枯黄了落在地上，这时树叶怎么想？"他们不明白其中的含义。杨玢干脆说："我这么大岁数，总有一天要死的，你们也有老的一天，也有要死的一天。争那一点点宅地对你们有什么用？"

侄子们说："我们原本要告他们，状子都写好了。"侄子呈上状子，他看后，拿起笔在状子上写了四句话："四邻侵我我从伊，毕竟须思未有时。试上含光殿基望，秋风衰草正离离。"写罢，他再次对侄子们说："我的意思是在私利上要看透一些，遇事都要退一步，不必斤斤计较。"

利益的冲突是生活中产生矛盾的根源。当我们和别人发生利益冲突的时候，应该多为对方想一想，凡事不必斤斤计较，互相之间都退一步。当我们以德相让、互相礼让的时候，那些可能发生的冲突就会烟消云散，大家也就很乐意跟你合作，事业发展的机会也就更多了。

我们生活的现实社会日新月异、变化无穷，我们面临的竞争也越来越激烈，但我们切不可忘记也不要忽视"礼让"。人生之所以多烦恼，皆因遇事不肯让他人一步，总是斤斤计较，认为别人欠了自己的一样，最后满是怨怒之心，损害的还是自己的幸福，其实，这实在是很愚蠢的做法。

客观看待他人之过

正所谓"人无完人"，我们每一个人都或多或少有一些缺点。在面对自己的优点与缺点时，要扬长避短，充分发挥自我优势。但是，怎样面对别人的缺点呢？宽容与理解是必不可少的。如果你总是对别人的缺点苛刻，就会引起别人的反感，甚至"以恶为仇，以厌为敌"。一个能够容忍别人缺点的人，必定是胸怀宽广、受人尊敬，这样豁达的人，容易拥有成功的人生。

著名科学家法拉第，不但以其科学成就名扬四海，而且在生活中也是一位受人尊敬的导师。他的助手在评价法拉第时，认为他不仅聪明绝顶，科学业绩硕果累累，而且对于别人的缺点始终能够容忍与理解，还同时给予中肯的教诲。

法拉第的助手德塞先生，起初只懂得一些基础知识，在一个偶然的机会结识了法拉第先生，并做了他的助手。德塞先生因为知识不足及其他一些怪癖，经常容易犯一些小错误。他说："每一次我做错事后，总以为法拉第先生要对我发火，但每次他都耐心地教诲，说争取下一次不再犯同样的错误。"

德塞自从做了法拉第的助手以后，就没有再更换工作。尽管这位助手经常会犯一些小错误，但法拉第从没有提出更换助手，而是对德塞大加赞赏，他说："这个年轻人真的不错，当初他的能力不怎么样，经过长时间的学习与锻炼，现在已经是博学多才了。我想，我再也找不到这样的人才了。"接着，法拉第先生又说："我也有缺点，我是与德塞共勉。"德塞对法拉第称他为人才非常高兴，从此更加努力学习。在他一生中，也有一些不小的发明。而法拉第在省视自己的成绩时说："我成功的一半，离不开我的助手德塞先生。"

我们想一想，如果法拉第先生不能容忍德塞经常犯错误，德塞不可能永远做他的助手，他更不能在科学探索中取得成绩。相反，因为德塞本人的好学，这对法拉第本人的研究工作也有不小的推动。

我们每个人都有缺点。我们可以推心置腹地想一想，假如自己的缺点不能被别人容忍，会有什么样的结果，又会对自己产生什么样的影响？这样，我们就能找到容忍别人缺点的理由。

曾经有一位非常出色的外交家感慨地说："以前自己的社交圈比较狭窄，只知道别人有很多缺点。现在，随着社交圈的扩大，接触了形形色色的人后，才知道，其实我自己也有类似的缺点。我希望别人能够容忍我的缺点，所以我也常常容忍别人的缺点。"一个不能容忍别人缺点的人，不可能拥有真正的朋友，而他的人生也难以成功。要改变人生，就要赢得朋友的支持。所以，在面对别人的缺点时，要尽量多一份容忍与理解。

人非圣贤，孰能无过？在正确对待他人的过失和错误上，不应以己所长而责备别人，责备人应留有余地，要谅人之愚，体人之情，一字概括，即为恕字。同时劝善应以教育为主，既要指明对方的错误，使对方改过自新，又要考虑对方的承受能力。要分析对方的心理特点，千万不可以权压人，以理压人，以法压人，把对方逼上绝路。那只能使对方负隅顽抗，更加肆无忌惮。人一旦到了无所顾忌的地步，就无所谓尊严、刑罚和事理了。因此，对于犯有过失的人，特别是偶一失足的青少年，要动之以情,晓之以理。心诚则灵,这样感化别人,能收到事半功倍的效果。

海纳百川,有容乃大

"一只脚踩扁了紫罗兰,它却把香味留在那脚跟上,这就是宽容。"安德鲁·马修斯在《宽容之心》中说了这样一句能够启人心智的话。

孔子曰:"宽则得众。"宽以待人者,受到众人的欢迎。与人交往,难免会有些小摩擦。只要是无恶意的,就应该设身处地地为他人着想,主动承担责任,严以律己,宽以待人。

由于各种主客观原因所致,每个人都会有这样那样的过错,如果在日常相处中,对别人的过错能以宽容对待,就等于给对方提供了一个改过的机会。

张绣,在《三国演义》中所占分量不大,却是第一个使曹操中计,几乎丧生的人。

《三国演义》的第十六回《吕奉先射戟辕门,曹孟德败师淯水》中,专门记录了这件事:

张绣屯兵宛城(今河南南阳一带),曹操来伐。张听谋士贾诩言,不战而降。不料曹操好色,误掳张绣之婶母、张济之妻入营,寻戏作乐。张绣大怒,用贾诩谋,夜袭曹营,袭杀曹操猛将典韦。曹操长子曹昂和爱侄曹安民亦死于是役。曹操命大得脱。后来张绣与刘表联合,再战曹操。曹操再中贾诩之计,大败于宛城。因恐袁绍来袭,撤出战场赶回许都。数年之后,曹操拟攻徐州刘备,惧张绣蹑其后,派人招抚。恰于同时,袁绍也来招张。张绣依违袁曹之间,犹豫不决。不过,两者相较,还以为投袁绍可靠:一来,当时袁绍势力大大超过曹操;二来,自己曾两度差点置曹操于死命,并杀其爱将、爱子、爱侄,如何见容于彼?

贾诩深知张绣心意,为了劝其投曹,当面毁袁绍来书,叱退来使。张绣大惊,怕因此得罪这位当时最大的一路诸侯,招来横祸。贾诩却从从容容,以三句话讲了三点弃袁投曹的好处:

首先,"曹公奉天子明诏,征伐天下,其宜从,一也。"也就是说,"曹操挟天子以令诸侯",名正言顺,应该归从。

其次,袁曹相较,"绍强盛,我以少从之,必不以我为重。操虽弱,得我必喜。其宜从,二也。"

最后,从袁绍与曹操个人相比,"曹公五霸之志,必释私怨,以明德于四海。"意思就是说:曹操必不会因私怨而不接受张绣的投降,以借此向天下表示其度量和德行,天下有本领的人也就会闻风归附了。

张绣听从了贾诩的建议,投降了曹操。但曹操并没有记恨以前的恩恩怨怨,杀了张绣,反而重用了他。由此可见,曹操并不是一个小肚鸡肠的人,他对张绣的宽容,也使他获得了他人的信任。

唐太宗李世民在一定意义上就是依靠宽容得到众臣鼎力相助的,并出现为后人乐道的"贞观之治"。在唐朝王室争权中,魏征曾多次鼓励太子李建成杀掉李世民,而李世民发动玄武门政变夺取帝位后,却不计旧恶,量才重用,使魏征觉得"喜逢知己之主,竭其力用",为唐朝盛世的开创立下了汗马功劳。

秦始皇如果不是听取了李斯"海河不择细流,故能成其深"的喻谏,收回逐客令,实行不计前怨、广纳贤才的政策,恐怕就会失去李斯等一大批客臣的支持,难以顺利完成统一天下的大业。

曹操、李世民、秦始皇等,都具备容人之量,并因之而受人称赞。相反,有的人则由于心胸狭窄,凡事锱铢必较而遭人唾弃。

著名的慈禧老佛爷仅仅因为与一大臣下棋时,对方无意说了一句:"我杀老佛爷的马。"就勃然大怒,"你杀我的马,我杀你全家",于是这位大臣被满门抄斩,惨不忍睹。这样的"小肚鸡肠"如何不让人寒心呢!

古人云:"有容乃大。"以事业为重,识大体、顾大局,相互之间多一些理解信任,多一些宽容大度;只要不是原则性问题,应该相互谦让,相互体谅,真正做到容人、容言、容事;要善于与人合作共事,包括要善于与批评过自己的同事一道工作,凡此等等,这些宽容的理念都应该成为我们的座右铭。

要宽容别人的龃龉、排挤甚至诬陷。你应该知道,正是你的力量让对手恐慌;更要知道,石缝里长出的草最能经受风雨。给你穿的小鞋,或许能让你在舞台上跳出曼妙的"芭蕾舞";风凉话,正可以给你发热的头脑"冷敷";给你的打击,仿佛运动员手上的杠铃,只会增加你的爆发力。言语刻薄,是一把双刃剑,最终也割伤自己;以牙还牙,也只能说明你的"牙齿"很快要脱落了;睚眦必报,只能说明你无法虚怀若谷;血脉贲张,最容易引发"高血压病"。

更进一层次的宽容意味着不仅不计较个人的得失,更能用自己的爱与真诚来温暖别人的心灵。心平如水的宽容,已属难得;雪中送炭的宽容,更可贵,更令人动容。曹操不仅不计较张绣杀死了自己的儿子,反而对张绣重用,这正如一面镜子,光明磊落。宽容,不仅融化了彼此的过节,更将爱的热力辐射进对方的心窝。在被某些人评论成"物欲横流"的时代,自下而上空间正日益缩小的人们,所缺的不正是发生在曹操与张绣、李世民与魏征之间的宽容吗?选择宽容,也就选择了理解和温情,同时也选择了人生的海阔天空。

宽容是一首人生的诗。至高境界的宽容,不是仅仅表现在日常生活的某一事件的处理上,而是升华为一种对宇宙的胸襟,对人生如诗般的气度。宽容的涵义也不仅限于人与人的理解与关爱,而是内心对于天地间一切生命产生的旷达与博爱。

当然,宽容同"方以律己,圆以待人"是不矛盾的。轻易原谅自己，那不是宽容，而是懦夫。"圆以待人"，也得先看对象。宽容不珍惜宽容的人，是滥情；宽容不值得宽容的人，是姑息；宽容不可饶恕的、丧尽天良的人，则是放纵。所以，宽容本身，也是谋事的一门学问。

放"小人"一马

君子之所以为君子，就在于他能容纳小人。常言道："水至清则无鱼。人至察则无徒。"这就告诉我们，如果对事物的观察太敏锐，就会觉得他人浑身都是缺点，不值得与之交往；另一方面，旁人也会对他的过分挑剔，感到难以忍受，而不愿意追随他。实际上，越是污秽的土地，土质越肥沃，有利于万物的生长；同样，水流过于清澈，就很难产生鱼类。所以说，君子要有宽宏的度量，不自命清高，要能够忍让，能够接纳世俗乃至丑恶的事物，这就是"君子不计小人过"的实质。

君不见在日常生活中，也包括在工作中，有不少人往往为了非原则问题，小小皮毛问题争得不亦乐乎，谁也不甘拜下风，有时说着论着就较起真来，以至于非得决一雌雄才算罢休，结果严重的大打出手，或者闹个不欢而散，鸡飞狗跳影响团结，这是坚决不可取的。那么当自己遇到与人发生矛盾冲突后究竟应该怎么办呢？糊涂哲学告诉我们：必须要"得饶人处且饶人"，即既不要因为不值得的小事去得罪别人，更要能以一种豁达的心胸，以君子般的坦然姿态原谅别人的过错。在生活中，也确实有不少"君子不计小人过"的事例，有这样三则故事，很耐人寻味：

第一则讲唐朝的娄师德。娄师德官至同平章事，一生为将相30多年，稳而不倒。其诀窍是能忍受任何侮辱而不动声色。有一次，他弟弟被派去做代州刺史，临行时来向娄师德辞行。他便问弟弟："你我受国家的恩宠太多，显荣太过，很容易招惹别人的妒忌，你有什么方法可以避免呢？"他的弟弟说："往后即使有人唾口水在我面上，我也只把它揩干而已。"娄师德说："这还不行。人家唾你的脸，就因为他对你生气了，如果你把唾沫揩去的话，他便更恨你了。所以，你不要去揩，而要让它自己干，并且要面带笑容承受，这才对呢！"

第二则故事讲唐朝的陆贽。陆贽在德宗时当过中书侍郎、门下同平章事。当初，御史中丞窦参常常排挤陆贽。后来窦参被李巽参奏，德宗大怒欲杀之。陆贽替窦参讲情，才未被杀，被贬到獾州当司马。德宗又想株连窦的亲人，没收他的家产，陆贽请皇上加以宽恕。世人无不称赞陆贽公正诚实，以德报怨。

第三则故事讲宋朝的吕蒙正。蔡州的知州张绅犯贪污罪被免职。有人对宋太祖赵光义说："张绅很有钱，不至于贪污，是吕蒙正贫穷时向他索取财物没有如愿，现在对他报复。吕蒙正不申辩，结果张绅复了官，吕蒙正被罢了宰相的官职。后来考课院查到张绅贪污的证据，于是又免了张绅的官职，吕蒙正重当宰相。太宗对吕蒙正说：张绅果然有赃，吕蒙正也不谢。宋称赞吕蒙正的气度不是那些浅薄的人可以做得到的。

这种宽厚与容忍绝对不是争斗的小人所能够做到的，明知对方错了，却不争不斗反而认输，虽然自己吃点小亏，但使别人不受损。不争表面形式的输赢，而重思想境界和做人水准的高低，这样的人其实活得很潇洒。历史上的这三个人，由于能不计小人过，不但没有丝毫损害自己的名声，反而更受到大家的称道。

水至清则无鱼，人至察则无徒。对于个人而言，能"得饶人处且饶人"，它既能带来良好的人际关系，同时自己也能生活得轻松愉快。海纳百川，有容乃大。与人相处，有一分退让，就受一分益；吃一分亏，就积一分福。相反，存一分骄，就多一分屈辱，占一分便宜，就招一次灾祸。所以说：君子以让人为上策。

化干戈为玉帛

在生活中，我们也难免会碰到一些蛮不讲理的人，甚至是心存恶意的人，有时还会无缘无故地遭到这种人的欺侮和辱骂。每当遇到这样的事，常让人觉得忍无可忍。可是，不忍就会正好成了对方的出气筒，也给自己带来不必要的麻烦。这正如一首诗说的那样：忍字头上一把刀，遇事不忍祸必招；如能忍住心中气，过后方知忍字高。

一次，在公共汽车上一个男青年往地上吐了一口痰，被售票员看到了，对他说："同志，为了保持车内的清洁卫生，请不要随地吐痰。"没想到那男青年听后不仅没有道歉，反而破口大骂，说出一些不堪入耳的脏话，然后又狠狠地向地上连吐三口痰。

那位售票员是个年轻的姑娘，此时气得面色涨红，眼泪在眼圈里直转。车上的乘客议论纷纷，有为售票员抱不平的，有帮着那个男青年起哄的，也有挤过来看热闹的。大家都关心事态如何发展，有人悄悄说快告诉司机把车开到公安局去，免得一会儿在车上打起来。没想到那位女售票员定了定神，平静地看了看那位男青年，对大伙说："没什么事，请大家回座位坐好，以免摔倒。"一面说，一面从衣袋里拿出手纸，弯腰将地上的痰迹擦掉，扔到了垃圾箱里，然后若无其事地继续卖票。

看到这个举动，大家愣住了。车上鸦雀无声，那位男青年的舌头突然短了半截，脸上也不自然起来，车到站没有停稳，就急忙跳下车，刚走了两步，又跑了回来，对售票员喊了一声："大姐！我服你了。"车上的人都笑了，七嘴八舌地夸奖这位售票员不简单，真能忍，虽然骂不还口,却将那个浑小子制服了。

这位女售票员面对辱骂,如果忍不住与那位男青年争辩,只能扩大事态;与之对骂,又损害了自己的形象;默不作声,又显得太亏了。她请大家回座位坐好,既对大伙儿表示了关心,又淡化了眼前这件事,缓解了紧张的空气;她弯腰若无其事地将痰迹擦掉,此时无声胜有声,比任何语言表达的道理都有说服力,不仅感动了那位男青年,也教育了大家。

生活中,有的人爆竹脾气一点就着,有的人针尖儿对麦芒,有的人你倔他更犟,结果容易跟人闹脾气,邻里、同事、上下级关系搞得很僵。如果我们能有意识地让自己冷静下来,该受点委屈就受点委屈,该忍让时就忍让,从而避免冲突、矛盾和麻烦,虽然会吃一点小亏,可是换来的是他人的友好,却又是赚了大便宜。

有一次,有一个人去拜访老子。到了老子家中,看到室内凌乱不堪,心中感到吃惊。于是,他大声咒骂了一通扬长而去。翌日,又回来向老子致歉。老子淡然地说:"你好像很在意智者的概念,其实对我来讲,这是毫无意义的。所以,如果昨天你说我是马的话我也会承认的。因为别人既然这么认为,一定有他的根据,假如我顶撞回去,他一定会骂得更厉害。这就是我从来不去反驳别人的缘故。"

在现实生活中,当双方发生矛盾或冲突时,对于别人的批评,除了虚心接受之外,不妨养成毫不在意的功夫。人与人之间发生矛盾的时候太多了,因此,一定要心胸豁达,有涵养,不要为了不值得的小事去得罪别人。而且,生活中常有一些人喜欢论人短长,在背后说三道四。如果听到有人这样谈论自己,完全不必理睬这种人。只要自己能自由自在按自己的方式去生活,又何必在意别人说些什么呢?

能忍人所不能忍之忤，方能为人所不能为之事

众所周知，世界上的第一位亿万富翁洛克菲勒是一个凶狠的商战屠夫，但同时他也是一位能容善忍的高手。

在洛克菲勒创业之初，由于资金缺乏，他的合伙人克拉克先生邀请昔日同事加德纳先生入伙，有了这位富人的加入，就意味着他们可以做很多以前想做、有能力做，但没有足够资金做的事情。

然而，出乎意料的是，克拉克带来了一个钱包的同时，也带来一份屈辱，他们要把克拉克－洛克菲勒公司更名为克拉克－加德纳公司。他们将洛克菲勒的姓氏从公司名称中抹去的理由是：加德纳出身名门，他的姓氏能吸引更多的客户。

这是一个大大刺伤洛克菲勒尊严的理由，洛克菲勒当然非常愤怒！他同样是合伙人，加德纳带来的只是自己的那一份资金而已，难道他出身贵族就可以剥夺洛克菲勒的名份吗？一般人当然会据理辩争，可是，洛克菲勒忍下了，他告诉自己：你要控制住你自己，你要保持心态平静，这只是开始，路还长着哪！

洛克菲勒故作镇静，装作若无其事的样子告诉克拉克："这没什么。"事实上，这完全是谎言。想想看，一个遭受不公平、自尊心正受到伤害的人，他怎么能有如此的宽容大度！但是，洛克菲勒用理性浇灭了自己心头燃烧着的熊熊怒火，因为他知道这会给他带来好处。

忍耐不是盲目的容忍，而是要冷静地考量情势，要知道自己的决定是否会导致结果偏离目标。如果洛克菲勒对克拉克大发雷霆不仅有失体面，更重要的是，它会给他们的合作制造裂痕，甚至招致洛克菲勒被踢出去、让他从头再来的恶果。而团结则可以形成合力，让他们的事业越

做越大，洛克菲勒的个人力量和利益也必将随之壮大。洛克菲勒当然懂得如何选择。

在这之后他继续一如既往、不知疲倦地热情工作。到了第三个年头，他就成功地把那位极尽奢侈的加德纳先生请出了公司，让克拉克－洛克菲勒公司的牌子重新竖立起来！那时人们开始尊称他为洛克菲勒先生，他已成为富人。

在洛克菲勒眼里忍耐并非忍气吞声，也绝非卑躬屈膝，忍耐是一种策略，同时也是一种性格磨炼，它所孕育出的是好胜之心。结果正像众所周知的那样，克拉克－加德纳公司永远成为了历史，取代它的是洛克菲勒－安德鲁斯公司，洛克菲勒就此搭上了成为亿万富翁的特快列车。能忍人所不能忍之忤，才能为人所不能为之事。

在任何时候，冲动都是有志之人最大的敌人。顽固地一意孤行，不但不能化解危机，甚至还会带来更大的灾难。而如果忍耐能化解不该发生的冲突，这样的忍耐永远是值得的。

记住，要天天把忍耐放在身上，它会给我们带来快乐、机会和成功。

静观时局，屈才就下

"人在矮檐下，怎得不低头"，在职场中摸爬滚打的人都深明这个道理。当你无权或没有能力改变现状的时候，低头会让你面对的强大上司或对手不再以你为靶子，确保你们之间相安无事，而你在低头之时也找到了上升的窍门，那就是先服软，再借力上爬。

清末黎元洪在湖北时，一直位于张彪之下。张彪娶了张之洞一个心爱的婢女，是张之洞的心腹，但张彪嫉贤妒能，对黎元洪十分反感，加之当时报纸大肆赞扬黎元洪而贬低张彪，张彪更是不满，常在张之洞面前谗言诋毁黎元洪。

张彪在进谗言的同时，还以上级的职位之便百般羞辱黎元洪，想着黎元洪不堪忍受羞辱而离开军队。张彪的手法非常恶劣，曾经罚黎元洪在军中下跪，并当着士卒的面，将黎元洪的帽子打掉在地上。黎元洪忍受百般欺辱，不动声色，脸上更是毫无怒容，张彪也对他无可奈何。

黎元洪绝不是一个甘心久居人下的人，他貌似忠厚而内有权术，明知张彪欺侮自己，却不与争锋，反而收敛锋芒，小心应对，以防有人借机找自己的麻烦。

张之洞任命张彪为镇统制官，但张彪不懂军事，军事编制和部署训练都需要黎元洪的协助，黎元洪趁机呕心沥血训练了一批精兵。成军之日，张之洞前往检查，见军队进退裕如，当面称赞黎元洪，黎元洪却称谢说："这都是张统制交代的，我只不过是听他的命令行事而已，哪里有什么功劳呢？"

张彪听了黎元洪这话，心中十分感激，从此二人关系逐渐融洽。1907年9月，张之洞任军机大臣，东三省将军赵尔巽补授湖广总督。赵尔巽看不起张彪，要以黎元洪取代张彪，一般人都会以为这是个代替张彪的好机会，不料，黎元洪坚辞不同意。同时，黎元洪又面见张彪，告之此事，建议他致电张之洞，让张之洞为其设法渡过难关。张彪一听，心中大惊，立即让其夫人进京活动，张之洞来函，才保全了他的职位。经过这件事，张彪对黎元洪更为感激，连老谋深算的张之洞也认为黎元洪颇有诚心，曾经慨叹黎元洪的"笃厚"："黎元洪这个人恭敬慎重，可以托付大事啊！"

实际上，黎元洪考虑长远，虽然张之洞已离开了湖北，但升迁北京当军机大臣，仍可影响到湖广总督的态度。如果黎元洪在张之洞离鄂之后，就代替张彪的位子，不但有忘恩负义的嫌疑，甚至还会影响自己的前途，黎元洪当然选择通过帮助张彪保全自己，张彪也从此改变了对黎元洪的态度。

1908年3月，陈美龙继赵尔龚为湖广总督，他贪赃枉法，声名狼藉。1911年10月上旬，瑞平出任湖广总督，他对黎元洪极不信任，但凭着与张彪的关系，并未影响到黎元洪的官职。如果黎元洪此时与张彪关系恶化，他的官职必被拿掉。黎元洪上次的战术终于见了成效。黎元洪表面温驯，忍耐上司的刻薄与无能，不与上司争功夺利，不表现出任何政治野心，但在这种厚道之下是深深的权术之心。他是凭借"忠厚"而爬上高位，稳居高位的高人。

一忍可以制百辱

某女士在家排行老大，小时家境艰难，父母忙于上班养家，照顾两个弟弟、洗衣做饭等管家的事早早就落在她的头上。弟弟怕她，父母疼她。因此她养成了能吃苦受累但不能忍气受气的个性。她后来参军，在部队纪律严格的约束下，部队的一些要求她虽然行动上执行了，可心中却不服气，时常有些牢骚。使她真正成熟起来是一次刚工作时的小事，当时她是通讯兵，搞长途话务，有一次，用户要下面部队的一个分站，她拿着塞线不知往哪条线路上插，正犹豫着，一位老兵一把将她的手打了一下，说："你别拿着我的塞头巡逻了。"从小到大，她哪里受过这样的待遇，当时脑袋轰的一热，臊得满脸通红，泪水在眼窝里转，真想摘下话筒跑掉，或者和老兵大吵一架。可是转念一想，她又忍住了。记起平时领导常说三尺机台就是战场，要是跑掉不就等于当了逃兵吗？她一边忍着气抹着泪，一边认真地看老兵操作。下班后又帮着老兵整理话单，打扫机房，老兵也觉得有些过火，主动过来手把手地教她。两人以后竟成了无话不谈的好朋友。

忍让是个好习惯，宋代苏洵曾经说过："一忍可以制百辱，一静可以制百动。"忍让是理智的抉择，是成熟的表现。一个人如果能养成宽容忍让的习惯，那么他就会获得别人的尊敬。

威廉·麦金莱刚任美国第25任总统时，指派某人做税务部长。当时有许多政客反对此人，他们派代表前往总统府，要求麦金莱说明委任此人的理由。为首的是一位身材矮小的国会议员，他脾气暴躁，说话粗声粗气，开口就把总统大骂一番。麦金莱却不吭一声，任凭他声嘶力竭地骂着，最后才极和气地说："你讲完了，怒气应该平息了吧。照理你是没有权力这样责问我的，但现在我仍然愿意详细地给你解释……"

这几句话说得那位议员羞惭万分，但总统不等他表示歉意就和颜悦色地对他说："其实也不能怪你，因为我想任何不明真相的人都会大怒。"接着，他便把理由一一解释清楚。其实不等麦金莱解释，那位议员已被他折服，他心里懊悔自己不该用这样恶劣的态度来责备一位和善的总统。因此，当他回去向同伴们汇报时，只是说："我记不清总统的全部解释，但有一点可以报告，那就是——总统的选择并没有错。"

"忍"不但使麦金莱的解释获得好的效果，而且使那位议员从此悔悟，以后永远不再做出令人难堪的举动。别人故意用种种奸计使你大发脾气，你一气之下，就会做出不理智的事情，这样无疑是自讨苦吃。

有的时候，敌人还会故意发起挑衅，如果不冷静地忍让的话，我们就会陷入窘境。

三国时，魏将司马懿在五丈原与诸葛亮对峙时，他料定蜀军粮草匮乏，不利久战，因此坚壁不出，以逸待劳。诸葛亮使激将法，派人将妇女的头饰和衣服送给司马懿，讽刺他缩头藏尾，如妇人所为。

魏军将领见此羞辱，勃然大怒，争先请战。司马懿却欣然接受，继续以坚壁不战的战略消耗对方；为安抚士气，他还故意上奏请示魏主晓谕攻守对策。如此书信往返，又过了一段时间，司马懿终于以固守之策逼退无法僵持待战的蜀军。

现实生活中，让人生气令人发怒的事是随时可能发生的，但作为一个有头脑的冷静之人，为了更好地、安宁地生活和工作，理智地处理各种不愉快，就需要培养自己忍让的习惯。如果不忍，任意地放纵自己的感情，首先伤害的是自己。如对方是你的对手、仇人，有意气你、激你，你不忍气制怒保持头脑清醒，就容易被人牵着鼻子走，中了他人的算计，导致自己棋输一招，缚手缚脚，如三国时的周瑜就是一例。所以孔子云："一朝之忿，忘其身以及其亲，非惑欤？"意即一时气愤不过，就胡作非为起来，这样做显然是很愚蠢的。

"忍"常常是压抑人性本身的情感，心头的血性，所以要养成忍让宽容的习惯可能是很困难的。但如果我们做到了，我们就会收获很多，成功往往就是在宽容忍让之后，才会在某个方面有所突破，从而实现我们最初的梦想。

气大伤身，遇事多注好处想

1898年冬天，幽默大师威尔·罗吉士继承了一个牧场。有一天，他养的一头牛，为了偷吃玉米而冲破附近一户农家的篱笆，最后被农夫杀死。依当地牧场的共同约定，农夫应该通知罗吉士并说明原因，但是农夫没有这样做。罗吉士知道这件事后，非常生气，于是带着佣人一起去找农夫理论。

此时，正值寒流来袭，他们走到一半，人与马车全都挂满了冰霜，两人也几乎要冻僵了。好不容易抵达木屋，农夫却不在家，农夫的妻子热情地邀请他们进屋等待。罗吉士进屋取暖时，看见妇人十分消瘦憔悴，而且桌椅后还躲着5个瘦得像猴子的孩子。不久，农夫回来了，妻子告诉他："他们可是顶着狂风严寒而来的。"

罗吉士本想开口与农夫理论，忽然又打住了，只是伸出了手。农夫完全不知道罗吉士的来意，便开心地与他握手、拥抱，并热情邀请他们共进晚餐。这时，农夫满脸歉意地说："不好意思，委屈你们吃这些豆子，原本有牛肉可以吃的，但是忽然刮起了风，还没准备好。"孩子们听见有牛肉可吃，高兴得眼睛都发亮了。吃饭时，佣人一直等着罗吉士开口谈正事，以便处理杀牛的事，但是，罗吉士看起来似乎忘记了，只见他与这家人开心地有说有笑。饭后，天气仍然相当差，农夫一定要两个人住下，等转天再回去，于是罗吉士与佣人在那里过了一晚。

第二天早上，他们吃了一顿丰盛的早餐后，就告辞回去了。回家的路上，佣人忍不住问他："您不是打算讨公道吗？"罗吉士笑着说："那是原来的打算，当我看到那一家人后，我就不想再追究了，太小心眼了没什么好处！"

故事中的罗吉士虽然失去了一头牛，但这段经历却使他明白了一个道理：一个人总是斤斤计较的话，做人也不会开心，生活中的一些小事根本就不值得太过计较。但是，生活中却总有很多人习惯于斤斤计较，遇事就犯小心眼的毛病，结果无事常思有事，把自己的生活搞得一团糟。

李大妈早年丧夫，无儿无女，可能就是因为这个原因，李大妈的脾气暴戾、偏激、狂躁、喜怒无常。老郑和老吴是李大妈的邻居。因为李大妈的坏脾气，她和老郑、老吴的关系处得很别扭。老郑和老吴也因为有李大妈这样的邻居而沮丧不已。而老吴和老郑二人的性格也截然不同，老吴豁达开朗，凡事想得开；老郑则有点心胸褊狭，爱走极端。因此二人虽生活在同一个环境中，表现却大不一样：老吴整天乐呵呵的，老郑则一天到晚吊着脸，一副怏怏不乐的样子，好像谁借了他二斗大米却还了他二斗陈稻谷似的。

一天，李大妈的一只乌鸡不见了，她便在自家院里跳着脚骂："哪个老不死的，偷了我的乌鸡？谁偷了我的乌鸡断子绝孙，死时闭不上眼睛!"骂声很大,邻居老吴和老郑都听见了。

老吴想:"她没点名骂谁,咱也没干那亏心事。不做亏心事,睡觉不关门,她爱骂骂去,与咱毫不相干。"仿佛没听见骂声似的。而老郑则不一样,他想:"这怕是冲我来的,这婆娘真没口德,开口闭口老不死的。哎,真气死我了!"老郑气得吃不下饭,睡不着觉,不几天便病倒了。

几天以后,李大妈在她家的草堆中发现了死鸡。原来乌鸡觅食钻到了草堆下面,它还没出来,李大妈便在外面放了一担柴禾,把那个出口堵住了,以致它饿死在里面。

李大妈有些内疚,便找老吴和老郑道歉。

老吴听后说:"我没什么,一点都没生气啊!"

李大妈极诚恳地向老郑做了解释并道歉。老郑听后,心中的怨气慢慢地消了,过了几天,就能起来行走,身体慢慢地恢复了。"哎,都是自己小心眼造成的,咱要像人家老吴,还生哪门子气呢?"老郑此时才明白过来。

做人凡事都要看得开一点,斤斤计较只是在自找麻烦,一些小事根本就不值得太往心里去。如果像故事中的老郑那样总是为点小事计较,犯小心眼,那生活又怎么会有快乐可言!有小心眼的人,就是太在乎别人怎么说,怎么看。于是经常被一些不必要的事情烦扰,怕别人责怪而自责,怕别人取笑而自卑,怕难堪而自闭。

一位老人的笔记本上,记着这样一句话:"不必在意别人是否喜欢你、是否公平地对待你,更不要奢望每个人都会等待你。"

不必在意别人冷漠的表情、窃窃的私语;不必费心去揣测、琢磨别人怎样待你、怎样评价你;不必在意微小的得失、过错或失败,那只是成长路上的一个小插曲。豁达一点,超然一点,平静喜悦地走过每一个日子,然后再回过头想想所经过的是非得失、喜怒哀乐、苦辣酸甜,你会发觉眼前的生活轻松愉快,充满了七彩阳光。

掷一时之气，何苦来哉？

人与人之间经常会产生矛盾，有的是因为认识的水平不同；有的是因为对对方的不了解；有的是原本就有某些偏见和误解。如果你有较大的度量，以谅解的态度对待别人，忍住最容易爆发的激动情绪，就会为矛盾可能得到缓和赢得时间。

爱因斯坦是全世界都尊敬的人，他是全球数学、物理方面无可争议的专家。这位创立相对论和原子理论的人，竟然也咽下过一口"气"。有一天，他上汽车后，正想一个问题，数错了钱。售票员大声讽刺他："你这么大个人，会不会算数呀！"爱因斯坦一笑置之："不会就不会吧！"

社交中，由于偏见和误解常常会使一方伤害另一方。假设另一方耿耿于怀，那关系就无法融洽。如果受伤害的一方有很大的度量，不念旧恶，持偏见者的感情也会受到震动。

度量问题不是个无关紧要的小问题。度量如海还是度量如杯，在重要关头，它就可以关系到事业的成败。为一点小事斤斤计较，争吵不休，既伤害了感情，影响了友谊，也无益于你成就大事，结果往往是两败俱伤。因此，摒弃个人成见，不在社交场合为区区小利争斗，不为炫耀自己而去贬低他人，发扬一点忍让精神，对许多事情进行"冷处理"，摆脱互相之间无原则的纠缠和不必要的争执，不计较一切无关大局的小事……那么，你的风度将会获得社交场合中众人的青睐，你的事业也会如虎添翼，收到双赢的效果。

有位爱尔兰人名叫欧·哈里，上过卡耐基的课。他受的教育不多，可是很爱抬杠。他当过人家的汽车司机，后来因为推销卡车不顺利，来求助于卡耐基。听了几个简单的问题，卡耐基就发现他老是跟顾客争辩。如果对方挑剔他的车子，他立刻会涨红脸大声强辩。欧·哈里承认，他在口头上赢得了不少的辩论，但总没能赢得顾客。他后来对卡耐基说："在走出人家的办公室时我总是对自己说，我总算整了那混蛋一次。我的确整了他一次，可是我什么都没能卖给他。"所以，卡耐基的难题是如何训练欧·哈里自制，避免争强好胜。

欧·哈里后来成了纽约怀德汽车公司的明星推销员。他是如何做到的呢？这是他的说法："如果我现在走进顾客的办公室，而对方说：'什么？怀德卡车？不好！你就送我我都不要，我要的是何赛的卡车。'我会说：'老兄，何赛的货色的确不错，买他们的卡车绝错不了，何赛的车是优良产品。'"

"这样他就无话可说了，没有抬杠的余地。如果他说何赛的车子最好，我说没错，他只有住嘴了。他总不能在我同意他的看法后，还说一下午的何赛车子最好。我们接着不再谈何赛，我就开始介绍怀德的优点。"

"当年若是听到他那种话，我早就气得脸一阵红、一阵白了——我就会挑何赛的错，而我越挑剔别的车子不好，对方就越说它好。争辩越激烈，对方就越喜欢我竞争对手的产品。"

"现在回忆起来，真不知道过去是怎么干推销的！以往我花了不少时间在抬杠上，现在我守口如瓶了，果然有效。"

正如明智的本杰明·富兰克林所说的："如果你老是抬杠、反驳，也许偶尔能获胜，但那只是空洞的胜利，因为你永远得不到对方的好感。"因此，你自己要衡量一下，你是宁愿要一种字面上的、表面上的胜利，还是要别人对你的好感？你可能有理，但要想在争论中改变别人的主意，一切都是徒劳。那就不妨试试先咽下一口气再说。

感恩知足的想法,会让你其乐无穷

感恩知足是一种积极的、乐观的生活态度。感恩知足是面对生活中总要经历的挫折不渴求命运的特别垂青,也不抱怨,而是坚强面对,积极努力寻求出路,是善待自我,乐观生活。生活中同样有不如意,感恩知足的人们不会觉得悲伤、难过、消沉,他们不让这些情绪过度影响正常的生活。心上的很多包袱,应该放下的都努力放下。知足长乐,自得其乐。

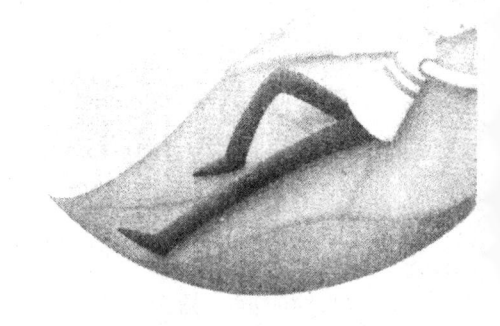

幸福就是那么简单

洛林是在美国读书时认识自己丈夫的，毕业后，他俩很快就结了婚，并且双双搬到他们喜欢的国度——越南。因为这里的迷人风景和特有的风情及越南人悠闲的生活方式打动了他们。

洛林说："在越南的生活是一种简朴自在的生活。没有像美国那种铺天盖地的广告推销，没有垃圾邮件，无须用信用卡。我们一家四口只买生活必需用品，从不盲目地去消费。在这里，你绝不会想买那些你并不需要的东西，因为没有大减价的广告勾起你的欲望。"

"虽然美国人对铺天盖地的购物广告宣传有一定的抵御能力，但为了使自己的精神生活过得简单而丰富，他们不得不在那些选择上面花费大量的精力和物力。"

"而在越南不是这样，没有外界的广告宣传刺激你，人们对自己所需要的东西很清楚，他们很明智地每次买拿得动的物品回家，用完后再去买。"

"许多生活在这个国度文化中的外籍人，虽然他们在物质生活方面并非很丰富，但他们确确实实感受到了宁静和幸福。他们认为自己过的是一种有选择而自主的生活，虽简单却快乐多多，是众多幸福家庭中的一员。"

"我跟一些美国的朋友讲起这边的事情，他们却不很理解。这也难怪，由于一些在美国生活的美国人认为只有拥有金钱才能得到幸福，所以他们根本没法想象生活在这里的人，是如何获得快乐和幸福的。"

幸福并不复杂，获得快乐的方法也很简单，就是充分利用自己有限的时间、精力、金钱，并将之运用到适合自己的生活方式里。

那些住在贫穷乡村的人们,并不像我们想象的那样生活得无滋无味,相反,如果生活中没有大的变故,他们甚至比大多数都市人活得更快乐自在。原因就是在于他们选择了简单而充实的生活:劳动、交往、休闲,如此而已。想一想,我们有多久未注意到日出日落,有多久没注意阳台上那盆花的花开花谢。因为我们太忙,以至于忽略了就在我们身边的美丽和感动。我们应该抽出时间仔细思考思考,这到底值不值得!

乐始于足而毁于贪

人生是否快乐,关键看你是否知足。知足常乐,那些总认为别人的东西都是好的人,是永远没有快乐的。一个人在生活中能不过分注意缺憾,知道世上没有十全十美的东西,就会快乐无比。否则,总以抱怨之心,何处不是阴云淫雨,烦恼不尽。

一位很有名气的心理学教师,一天给学生上课时拿出一只十分精美的咖啡杯,当学生们正在赞美这只杯子的独特造型时,教师故意装出失手的样子,咖啡杯掉在水泥地上成了碎片,这时学生中发出了惋惜声。

教师指着咖啡杯的碎片说:"你们一定对这只杯子感到惋惜,可是这种惋惜也无法使咖啡杯再恢复原形。今后在你们生活中发生了无可挽回的事时,请记住这破碎的咖啡杯。"

这是一堂很成功的素质教育课,学生们通过摔碎的咖啡杯懂得了,人在无法改变失败和不幸的厄运时,要学会接受它,适应它。如果我们不接受命运的安排,也不能改变事实分毫,我们惟一能改变的,只有自己。

生活中,由于我们总是试图抓住一些我们无法挽回的不幸的事情,这些东西对我们来讲都是包袱,它们对我们是非常不利的,我们应该甩掉它们，应该把它们打入历史的坟墓。你对生活的感觉主要取决于你的选择与追求。对于生活，我们要学会发现和欣赏；对于包袱，我们要善于抛弃。

所以，获取快乐不难！生活本身就是在许多的辛苦和烦恼中存续的，善于放下包袱，超越自我，欢乐就会常有。一个人在任何情况下都可以选择快乐。既然如此，我们为什么不对自己微笑呢？丢掉人生旅途上不必要携带的行李，轻松一些，对自己微笑，也对别人微笑，不管有没有理由，只要发自内心，经常试一试，你会慢慢地高兴起来。

不要因为担忧过去而错过了未来更好的机会。为什么让那过失、羞耻和错误继续缠绕着你呢？难道它不是已经很大程度上加深了你的皱纹，压歪了你的肩膀吗？难道它不是已经带走了你的欢笑，带走了你生活中的乐趣吗？因此，我们要把它从你的生活中赶走，把它从你记忆的石板上抹去，并且彻底忘记。只有这样，我们才能甩掉包袱，选择快乐。

善于放下包袱，欢乐就会常在。快乐是人生永恒的主题。在你背负沉重包袱的时候，你一定要设法快乐。只有卸下了种种包袱，轻装上阵，从容地等待生活的转机，不断有新的收获，踏过人生的风风雨雨，才能懂得放手和享有，才能拥有一份成熟，活得更加充实、坦然和轻松。

得陇莫望蜀

永不满足的欲望不断诱惑人们追求物欲的最高享受，然而过度贪婪往往会使人迷失生活的方向，甚至难以自拔，事过境迁，后悔已晚！凡事适可而止，才能把握好自己的人生方向。

一次，一个猎人捕获了一只能说70种语言的鸟。

"放了我，"这只鸟说，"我将给你三条忠告。"

"先告诉我，"猎人回答道，"我发誓我会放了你。"

鸟说道，"第一条忠告是：做事后不要懊悔；第二条忠告是：如果有人告诉你一件事，你自己认为是不可能的就别相信；第三条忠告是：当你爬不上去时，别费力去爬。"然后鸟对猎人说："该放我走了吧。"猎人依言将鸟放了。

这只鸟飞起后落在一棵大树上，又向猎人大声喊道："你真愚蠢。你放了我，但你并不知道在我的嘴中有一颗价值连城的大珍珠。正是这颗珍珠使我这样聪明。"

这个猎人很想再捕获这只放飞的鸟。他跑到树跟前并开始爬树。但是当他爬到一半的时候，他掉了下来并摔断了双腿。

鸟嘲笑他并向他喊道："笨蛋！我刚才告诉你的忠告你全忘记了。我告诉你一旦做了一件事情就别后悔，而你却后悔放了我。我告诉你如果有人对你讲你认为是不可能的事，就别相信，而你却相信像我这样一只小鸟的嘴中会有一颗很大的珍珠。我告诉你如果你爬不上去，就别强迫自己去爬，而你却追赶我并试图爬上这棵大树，结果掉下去摔断了双腿。这个箴言说的就是你：'对聪明人来说，一次教训比蠢人受一百次鞭挞还深刻。'"说完，鸟飞走了。

人因贪婪常常会犯傻，什么蠢事也会干出来。所以任何时候要有自己的主见和辨别是非的能力，不要被假现象所迷惑。

大家应该都听过这样一个故事：有一个小孩，大家都说他傻，因为如果有人同时给他5毛和1元的硬币，他总是选择5毛，而不要1元。有个人不相信，就拿出两个硬币，一个1元，一个5毛，叫那个小孩任选其中一个，结果那个小孩真的挑了5毛的硬币。那个人觉得非常奇怪，便问那个孩子："难道你不会分辨硬币的币值吗？"孩子小声说："如果我选择了1元钱，下次你就不会跟我玩这种游戏了！"这就是那个小孩的聪明之处。

贪婪是一种顽疾，人们极易成为它的奴隶，变得越来越贪婪。人的欲念无止境，已经得到不少之后，仍指望得到更多。一个贪求厚利、永不知足的人，等于是在愚弄自己。贪婪是一切罪恶之源。贪婪能令人忘却一切，甚至自己的人格。贪婪令人丧失理智，做出愚昧不堪的行为。因此，我们真正应当采取的态度是：远离贪婪，适可而止，知足常乐。

养生之道，莫过于清心

中国有一句俗话叫"知足常乐"。佛教的理想是"少欲知足"。孟子有一句话："养心莫善于寡欲。"是说希望心能够正，欲望愈少愈好。他还说："其为人也寡欲，虽不存焉者寡矣；其为人也多欲，虽有存焉者寡矣。"欲少则仁心存，欲多则仁心亡，说明了欲与仁之间的关系。

自古仕途多变动，所以古人以为身在官场的纷华中，要有时刻淡化利欲之心的心理。利欲之心人固有之，甚至生亦我所欲，所欲有甚于生者，这当然是正常的。问题要能进行自控，不把一切看得太重，到了接近极限的时候，要能把握得准，跳得出这个圈子，不为利欲之争而舍弃了一切。

怎么才能使自己的欲望趋淡呢？"仕途虽纷华，要常思泉下的况景，则利欲之心自淡"。常以世事世物自喻自说则可贯通得失。比如，看到天际的彩云绚丽万状，可是一旦阳光淡去，满天的绯红嫣紫，瞬时成了几抹淡云，古人就会得出结论道"常疑好事皆虚事"；看到深山中参天的古木不遭斧斤，葱蓬勃，究其原因是它们不为世人所知所赏，自是悠闲岁月，福泽年长，"方信人是福人"。中国的古代，自汉魏以降，高官名宦，无不以通禅味解禅心为风雅，可以在失势时自我平衡，自我解脱。

人生在世，除了生存的欲望以外，人还有各种各样的欲望，自我实现就是其中之一。欲望在一定程度上是促进社会发展的动力，可是，欲望是无止境的，欲望太强烈，就会造成痛苦和不幸，这种例子不胜枚举。因此，人应该尽力克制自己过高的欲望，培养清心寡欲，知足常乐的生活态度。

《菜根谭》中主张："爵位不宜太盛，太盛则危；能事不宜尽华，尽华则衰；行宜不宜过高，过高则谤兴而毁来。"意即官爵不必达到登峰造极的地步，否则就容易陷入危险的境地，自己得意之事也不可过度，否则就会转为衰颓，言行不要过于高洁，否则就会招来诽谤或攻击。

同理，在追求快乐的时候，也不要忘记"乐极生悲"这句话，适可而止，才能掌握真正的快乐。大凡美味佳肴吃多了就如同吃药一样，只要吃一半就够了；令人愉快的事追求太过则会成为败身丧德的媒介，能够控制一半才是恰到好处。所谓"花看半开，酒饮微醉，此中大有佳趣。若至烂漫酕醄，便成恶境矣。履盈满者，宜思之。"意即赏花的最佳时刻是含苞待放之时，喝酒则是在半醉时的感觉最佳。凡事只达七八分处才有佳趣产生。正如酒止微醺，花看半开，则瞻前大有希望，顾后也没断绝生机。如此自能悠久长存于天地畛域之中。

又如："宾朋云集，剧饮淋漓乐矣，俄而漏尽烛残，香销茗冷，不觉反而呕咽，令人索然无味。天下事率类此，奈何不早回头也。"痛饮狂欢固然快乐，但是等到曲终人散，夜深烛残的时候，面对杯盘狼藉必然会兴尽悲来，感到人生索然无味，天下事大多如此，为什么不及早醒悟呢？

常常看到有些人为了谋到一官半职，请客送礼，煞费苦心地找关系、托门路、机关用尽，而往往事与愿违；还有些人因未能得到重用，就牢骚满腹，借酒浇愁，甚至做些对自己不负责任的事情。凡此种种，真是太不值得了！他们这样做都是因为太看重名利，甚至把自己的身家性命都压在了上面。其实生命的乐趣很多，何必那么关注功名利禄这些身外之物呢？少点欲望，多点情趣，人生会更有意义，何况该是你的跑不掉，不该是你的争也没用。因此，注重中庸并保持淡泊人生，乐趣知足的心态，才能使自己体会出无尽的乐趣，达到人生的理想境界。

古人云：求名之心过盛必作伪，利欲之心过剩则偏执。面对名利之风渐盛的社会，面对物质压迫精神的现状，能够做到视名利如粪土，视物质为赘物，在简单、朴素中体验心灵的丰盈、充实，并将自己始终置身于一种平和、自由的境界。

知足者常乐

有一天子贡和孔子就贫者与富者的处世做了一番对话。

子贡曰："贫而无谄，富而无骄，何如？"

子曰："可也，未若贫而乐，富而好礼者也。"

子贡所说的"贫而无谄，富而无骄"与孔子所说的"贫而乐，富而好礼"两者之间有什么联系区别呢？其实，无论是"贫而无谄，富而无骄"，还是"贫而乐，富而好礼"，都做到了孟子所说的"贫贱不能移，富贵不能淫"，但二者又有层次和境界上的差别。

"贫而无谄，富而无骄"是说一个人虽然穷困，虽然倒霉了但还是不谄媚，不拍马屁，不去巴结讨好人；虽然富有，虽然发财了但还是不以财傲人，不得意忘形，不骄奢淫逸。能做到这一步当然是很不错的了，但严格说来，做到这一步还只是限于对贫富本身的计较，进而上升到对礼乐之道的追求了。达到这种境界的人，就像《吕氏春秋》上所说的那样："穷亦乐，达亦乐。所乐非穷达也，道得于此，则穷达一也。"(《吕氏春秋·孝行览·慎人》）孔子"饭疏食，饮水，曲肱而枕之，乐亦在其中矣"（《论语？述而》）；颜回"一箪食，一瓢饮，在陋巷，人不堪其忧，回也不改其乐"（《论语·雍也》），都是这种境界的体现。

但人往往是知多知少难知足，就像普希金写的《渔夫和金鱼》故事里的老太婆，要了木梳要木盆，要了木盆要木屋，要了木屋要皇宫，要来要去一场空。

在我们的生活中，到处充满着机会，可以说是能让人丰衣足食。生活中有这么多令人幸福的东西，可我们却变得越来越不幸福。究其原因，就是没有一颗知足的心。有了贪念，就永远不能满足；不满足，就会感到欠缺。因此，一颗知足的心，是真正的喜悦、真正的宁静、真正的幸福。

古人的"布衣桑饭，可乐终身"是一种知足常乐的典范。"宁静致远，淡泊明志"中蕴含着诸葛亮知足常乐的清高雅洁；"采菊东篱下，悠然见南山"中尽显陶渊明知足常乐的悠然；沈复所言"老天待我至为厚矣"表达着知足常乐的真情实感。更多的时候，知足常乐是融合在平平淡淡才是真的意境中。知足常乐，是一种人性的本真，在孩童时代，我们会为拥有自己梦想得到的东西而喜上眉梢，笑逐颜开，烙下一串串深刻的记忆，今日重温，也许会忍俊不禁，无论行至何方，所处何位，知足常乐永远都是情真意切的延续。

所以，孔子说的"贫而无谄，富而无骄"，值得我们深思。一个人的本性追求就是金钱与富贵，但知足常乐却是难得的心态。我们不主张安贫乐道，但我们也不主张一味地追求金钱富贵。当然，对于"奔小康"的当今国人来说，更有现实意义的似乎是"富而无骄"，"富而好礼"的问题了。"富而无骄"，不处处摆出一副"大款"的派头固然是不错，但如果能够更进一步"富而好礼"，追求精神方面的涵养，追求学问，讲究做人的道理，尊重别人，处处以仁爱之心待人，那岂不是达到更加高尚的境界了吗？

但是可以换个角度看富贵的问题，贫穷还是富贵不是重要的，主要还是要有健康的心态，要懂礼知仁！《老子》说："祸莫大于不知足，咎莫大于欲得。故知足之足常足矣。"

知足常足，也就是我们通常说的知足常乐。一个人知道满足，心里面就时常是快乐的，达观的，有利于身心健康。相反，贪得无厌，不知满足，就会时时感到焦虑不安。用叔本华的观点来说，就会使人生在欲望与失望之间痛苦不堪。面对现实，我们看到不少铤而走险而落得身败名裂的人正是因为欲壑难填，贪得无厌而走上犯罪道路的。看到这些人的犯罪事实，很多人都会由衷感叹说："要是他早一点收手，大概也不会走到这一步了！"不知大家注意到没有，这些感叹所流露的，正是"知足"的思想啊！问题是，一旦受贪欲支配，又哪里会知足，哪里会收得住手呢？所以，"知足"不是没有追求；"知足常乐"更不是平庸的表现。相反，倒是很难得修炼成的德性，尤其是在我们这个物欲诱惑滚滚而来，挡也挡不住的时代。

很多事情都是我们经历过了，才懂得它的弥足珍贵，最主要是我们遗落了那一份拥有时的心旷神怡。现代人匆匆的脚步已定格为一种时代的风景，竞争与挑战接踵而至。在前进的道路上，当我们取得一些成绩的时候，如果我们都能乐由心生，对待困难的工作情绪，就会如阳光般朗朗映照。知足常乐，在烦躁与喧嚣中，会过滤一种压抑与深沉，沉淀一种默契与亲善，澄清一种本真与回归，久而久之，步伐轻盈，精力充沛。小说《笑傲江湖》里有一句话：莫思身外无穷事，且尽生前有限杯。虽是虚构，却不失为一种人生感悟，点出"人生一世，草木一秋"的真谛。人人都能知足常乐，世间便少一点横眉冷对，多一点笑脸相迎。人生飞扬，知足常乐，情境深远。

本来无一物，何处惹尘埃

生活简单、恬淡寂寞、虚无无为，是天地的规律、道德的本质。因此，那些得道的圣人悠然自得，没见他们忧虑什么，而一生顺利。其实，平易恬淡才是最美好的生活，只是人们谁都不信，总要弄得生活有波澜、有曲折，才认为那是生活。

平易恬淡就没有忧患，这样邪气才不能袭扰自己的身心。只有这样的人，才能做到德性完备而神情不亏损。所以说，得道的圣人们生是顺天之运行，死是随万物而化；不为子孙先造下什么福，更不为子孙留下什么祸；有所感才有回应，有所迫才会有动力，一切是不得已而后起；丢弃心机与事故，遵守自然规律而行。

菲律宾《商报》登过一篇文章。作者感慨她的一位病逝的朋友一生为物所役，终日忙于工作、应酬，竟连孩子念几年级都不知道，留下了最大的遗憾。作者写道，这位朋友为了累积更多的财富，享受更高品质的生活，终于将健康与亲情都赔了进去。那栋尚在交付贷款的上千万元的豪宅，曾经是他最得意的成就之一。然而豪宅的气派尚未感受到，他却已离开了人间。作者问："这样汲汲营营追求身外物的人生，到底快乐何在？"

这位朋友显然也是属"世味浓"的一族，如果他能把"世味"看淡一些，岂不是惬意的生活？

平易恬淡的生活是快乐的源头，它为我们省去了欲求不得满足的烦恼，又为我们开阔了身心解放的快乐空间！

平易恬淡就是剔除生活中繁复的杂念、拒绝杂事的纷扰；平易恬淡也是一种专注，叫做"好雪片片，不落别处"。生活中经常听一些人感叹烦恼多多，到处充满着不如意；也经常听到一些人总是抱怨无聊，时光难以打发。其实，生活是平易恬淡而且丰富多彩的，痛苦、无聊的是人们自己而已，跟生活本身无关；所以是否快乐、是否充实就看你怎样看待生活、发掘生活。如果觉得痛苦、无聊、人生没有意思，那是因为不懂快乐的原因！

圣人们不担心天灾，不受物累，没有人事上的是非，更是心中无鬼。他们生也如浮云，死也就这么死了；他们一生不思虑、不预谋，他们人格闪着光彩而不炫耀，他们有信誉而不向谁许愿；他们睡觉不做噩梦，醒来不担忧；他们神情纯粹单一而精力不疲倦。

所以说，人们的悲欢是德性上出了偏差；喜怒是求道心切的过错；心生好恶是德性上有了偏失。因为没有忧乐的干扰，才是德的最高境界；顺从自然这个"一"而不变初衷，才是静的最高层次；办事不违背自然规律，叫纯粹之极。因此，体力劳动不知休止，是大害；脑力劳动不知停歇，就疲惫，而疲惫就使人的生命枯竭。

就拿水来说吧，水的性质是没有杂质就清，不扰动就平；可是不让水流动起来，一潭死水也不能清；有流动、有变化、有吐故纳新就是天之德的象征。因此，纯粹而不杂，平静而不扰，恬淡而无为，以自然的变动来制定自己的变动，这才是最好的清理心灵之道。而这种清理心灵之道最纯一、最朴素、最基本的要领是什么？那就是专一守神。

专一就是不乱用精神，就是将"神"像藏宝剑一样看守起来。所以，一念于自己的心，守住它而不丧失，与心神合一，这就是大道的基本要领了。不论是工匠、艺术家、思想家等等，只要精通于一就与天道合。

俗话说："众人重利，廉洁的人重名，贤德的人重志，圣人贵精神。"换言之，专一于利的是商或是没发财的众人，专一于廉洁的是政治家，专一于德行的是道德家，而专一于精神的则是圣人。

我们说的素，就是不杂；纯，就是没有亏损精神。能既不杂又不亏损精神，同时专一的人，叫真人。这样的人处在本能所为的限度内，藏身于无端无绪的混沌中，游乐于万物或来或生的变化环境里，本性专一不二，元气保全涵养，德行相融相合，从而使自身与自然相通。像这样，他的禀性持定保全，他的精神没有亏损，外物又从什么地方能够侵入呢？

这就像醉酒的人坠落车下，虽然满身是伤却没有死去，骨骼关节跟旁人一样，而受到的伤害却跟别人不同，因为他的神思高度集中，乘坐在车子上也没有感觉，即使坠落地上也不知道，死、生、惊、惧全都不能进入到他的思想中，所以遭遇外物的伤害却全没有惧怕之感。那个人从醉酒中获得保全完整的心态尚且能够如此忘却外物，何况从自然之道中忘却外物而保全完整的心态呢？

圣人藏于自然，所以没有什么能够伤害他。故而，要呵护心灵就不要开启人为的思想与智巧，而要开发自然的真性，开发了自然的真性则随遇而安，获得生存；开启人为的思想与智巧，就会处处使生命受到残害。不要厌恶自然的禀赋，也不忽视人为的才智，人们也就几近纯真无伪了！

若无闲事心头挂，便是人间好时节

投入生活，就会受到来自于诸多方面烦恼的干扰，常常令我们身心疲惫、痛苦不堪，然而心病还需心药医，只有我们从内心摆脱这些烦恼的束缚，将它们全部抛开，才能让心灵得到真正的轻松。

在当今这个所谓呼唤英雄的时代，人们总是在无休止地攀比，在徒劳中垂死挣扎，在摈弃逆来顺受懦性的同时，也失去了心境的平静。而在这个以成败论英雄的社会，我们真的需要放下所谓的烦恼，谁说跟命运抗争就一定会赢呢，或许命运本身就是对的！所以，我们也该卸下强出头的烦恼！顺其自然，或许，这样的心境能让我们有种"柳暗花明又一村"的惊喜！

佛眼禅师曾做过一首名为《无题》的诗偈，正好诠释了慧能禅师的意思——

春有百花秋有月，夏有凉风冬有雪。

若无闲事挂心头，便是人间好时节。

此偈的首两句描写大自然的景致：春花秋月，夏风冬雪，皆是人间胜景，令人赏心悦目，心旷神怡。然而禅师将话锋一转又说，世间偏偏有人不能欣赏当下拥有的美好，而是怨春悲秋，厌夏畏冬，或者是夏天里渴望冬日的白雪，而在冬日里又向往夏天的丽日，永无顺心遂意的时候。这是因为总有"闲事挂心头"，纠缠于琐碎的尘事，从而迷失了自我。只要放下一切，欣赏四季独具的情趣和韵味，用敏锐的心去感悟体会，不让烦恼和成见梗住心头，便随时随地可以体悟到"人间好时节"的佳境禅趣。

只要我们正在经历生活，就免不了会有一些事情占据在心间挥洒不去，让我们吃不下、睡不着，然而这些事情却并非那些重要而让我们非装着不可的事情，只是我们庸人自扰罢了。

有一位成功的商人，虽然赚了几百万美元，但他似乎从来不曾轻松过。

他下班回到家里，刚刚踏入餐厅中。餐厅中的家具都是胡桃木做的，十分华丽，有一张大餐桌和六张椅子，但他根本没去注意它们。他在餐桌前坐下来，但心情十分烦躁不安，于是他又站了起来，在房间里走来走去。他心不在焉地敲敲桌面，差点被椅子绊倒。

他的妻子这时候走了进来，在餐桌前坐下。他说声你好，一面用手敲桌面，直到一个仆人把晚餐端上来为止。他很快地把东西一一吞下，他的两只手就像两把铲子，不断把眼前的晚餐一一铲进口中。

吃过晚餐，他立刻起身走进起居室去。起居室装饰得富丽堂皇，意大利真皮大沙发，地板铺着土耳其的手织地毯，墙上挂着名画。他把自己投进一张椅子中，几乎在同一时刻拿起一份报纸。他匆忙地翻了几页，急急瞄了瞄大字标题，然后，把报纸丢到地上，拿起一根雪茄。他一口咬掉雪茄的头部，点燃后吸了两口，便把它放到烟灰缸去。

他不知道自己该怎么办。他突然跳了起来，走到电视机前，打开电视机。等到画面出现时，又很不耐烦地把它关掉。他大步走到客厅的衣架前，抓起他的帽子和外衣，走到屋外散步。他持续这样的动作已有好几百次了。他在事业上虽然十分成功，但却一直未学会如何放松自己。他是位紧张的生意人，并且常常放不下公司里的那些琐碎事情。他没有经济上的问题，他的家是室内装饰师的梦想，他拥有4部汽车，但他却无法放松自己。为了争取成功与地位，他已经付出了自己全部的时间去获得物质上的成就，然而，在他拼命工作、拼命赚钱的过程中，却迷失了自己。

假如我们能够适时地将心中的那些烦心琐事抛开，解放迷茫的内心世界，心境自然会变得悠游自适。

世事多变，要勇于接受现实

生命是一个自然的过程，生的必然和死的必然都是一样的。我们曾经体味过酸、甜、苦、辣的滋味，感受过喜、怒、哀、乐的心情，那么我们就应该从幼稚变为成熟，所以，在我们为自己的经历而喜悦时，又何必以痛苦的心态面对死亡呢？

在佛陀时代，有一位妇人，只生了一个儿子，因此，她对这惟一的孩子百般呵护。可是，天有不测风云，人有旦夕祸福，妇人的独生子有一天忽然染上恶疾。虽然妇人尽其所能邀请各方名医来给她的儿子看病,但是医师们在诊视以后都相继摇头叹息,束手无策。不久,妇人的独生子就离开了人世。

这突然而至的打击就像晴天霹雳,让妇人伤透了心。她天天守在儿子的坟前,夜以继日地哀伤哭泣。她形若槁木,面如死灰,悲伤地喃喃自语:"在这个世间,儿子是我惟一的亲人,现在他竟然舍下了我先走了,留下我孤苦伶仃地活着,有什么意思啊?今后我要依靠谁啊?……唉!我活着还有什么意义呢?"

妇人决定不再离开坟前一步,她要和自己心爱的儿子死在一起!4天、5天过去了,妇人一粒米也没有吃,她哀伤地守在坟前哭泣,爱子就此永别的事实如锥刺心,实在是让妇人痛不欲生啊!

这时,远方的佛陀观察到这个情形,就带领了500位清净比丘前往墓冢。佛陀与比丘们是这么样的安详、庄严,当这一行清净的队伍宁静地从远处走过来时,妇人远远地就感受到佛陀的慈悲光,她认出了佛陀!

她忽然想到世尊的大威德力,正可以解除她的烦忧。于是她迎上前去,向佛陀五体投地行接足礼。佛陀慈悲地望着她,缓缓地问道:"你为什么一个人孤单地在这墓冢之间呢?"

妇人忍住悲痛回答:"伟大的世尊啊!我惟一的儿子带着我一生的希望走了,他走了,我活下去的勇气也随着他走了!"佛陀听了妇人哀痛的叙述,便问道:"你想让你的儿子死而复生吗?""世尊!那是我的希望!"妇人仿佛是水中的溺者抓到浮木一般。

"只要你点着上好的香来到这里,我便能咒愿,使你的儿子复活。"佛陀接着嘱咐:"但是,记住,这上好的香要用家中从来没有死过人的人家的火来点燃。"

妇人听了,二话不说,赶紧准备上好的香,拿着香立刻去寻找从来没有死过人的人家的火。她见人就问:"您家中是否从来没有人过世呢?""家父前不久刚往生。""您家中是否从来没有人过世呢?""妹妹一个月前走了。""您家中是否从来没有人过世呢?""家中祖先乃至于与我同辈的兄弟姊妹都一个接着一个过世了。"

妇人始终不死心,然而,问遍了村里的人家,没有一家是没死过人的,她找不到这种火来点香,失望地走回坟前,向佛陀说:"大德世尊,我走遍了整个村落,每一家都有家人去世,没有家里不死人的啊……"

佛陀见因缘成熟,就对妇人说:"这个世界的万事万物,都是遵循着生灭、无常的道理在运行。春天,百花盛开,树木抽芽,到了秋天,树叶飘落,乃至草木枯萎,这就是无常相。人也是一样的,有生必有死,谁也不能避免生、老、病、死、苦,并不是只有你心爱的儿子才经历这变化无常的过程啊!所以,你又何必执迷不悟,一心寻死呢?能活着,就要珍惜可贵的生命,运用这个人身来修行,体悟无常的真理,从苦中解脱。"

妇人听了佛陀为她宣说无常的真谛,立刻扭转了自己错误的观念。

生命每时每刻都在不停地消逝,然而能洞察到这一点的人却不多,洞察到并能够超越的人更是微乎其微。通常,人们总是沉浸在种种短暂幻化的泡沫式欢乐中,不愿意正视这些。然而,无常本就是生命存在的痛苦事实,故生命从来就没有停止流逝。

生命的流逝乃至消失,是必须面对的事实,逃避是不可能的,也无法逃避。无常的真理在事物中无时无刻不在现身说法:依恋的亲人突然间死去,熟悉的环境时有变迁,周围人物也时有更换……要记住,享受只是暂时,拥有无法永恒。

春该常在,花应常开,而春来了又去了,了无踪迹;花开了又落了,花瓣也被夜里的风雨击得粉碎,混同泥尘,流得不知去处。

大自然中,当花草树木的种子悄悄地掉落大地,无常就开始包围着它们,让阳光、土和水来滋养和改变它们,不消多久,植物的种子开始生根、发芽、长叶、开花和结果，让人们惊异于生命的可贵，这是无常带来的改变，这种改变是一种喜悦。

人们害怕无常，不喜欢无常带来的负面改变。但是，任何现象都是一体两面的，有白天就有黑夜，有好就有坏，有对就有错，有生就有死，有天堂也有地狱，因此不必害怕无常，反而要勇敢地接受无常，迎接它令人欢喜的一面，也接受它使人痛苦的另一面。

"放下"就是一种解脱

《坛经》里陈述"若著相于外"的种种弊端，目的只有一个，那就是让人们懂得该"放下"、懂得"放手"。佛语中讲的"放下屠刀，立地成佛"中的"屠刀"则泛指执念，"放"意为"放弃"。不论是"放弃"与"放下"，都是让人们将某些该放下的事情要敢于放下、勇于放下。

从古到今，芸芸众生都是忙碌不已，为衣食、为名利、为自己、为子孙……哪里有人肯静下心来思考一下：忙来忙去为什么？多少人是直到生命的终点才明白，自己的生命浪费太多在无用的方面，而如今却已没有时间和精力去体会生命的真谛了。唐代的寒山禅师针对这一现象作过一首《人生不满百》的诗：

人生不满百，常怀千岁忧。

自身病始可，又为子孙愁。

下视禾根土，上看桑树头。

秤锤落东海，到底始知休。

此诗可以这样解释："人生不满百，常怀千岁忧"，尽管人生非常短暂，但是人们却都抱着长远规划，全然忘记生命的脆弱；"自身病始可，又为子孙愁"，不仅应付自己的烦恼，还要为子孙后代的生活操劳；"下视禾根土，上看桑树头"，生命中劳劳碌碌都是为衣食生计奔波，哪里有时间停下来思考一下生命的意义；"秤锤落东海，到底始知休"，人生的轨迹就如同掉进水里的秤砣一样，直到碰到生命的尽头才会停止。

寒山禅师以此诗提醒世人："即刻放下便放下，欲觅了时无了时"，能放下的事情不妨放下，若是等待完全清闲再来修行，恐怕是永远找不到这样的机会啦。

人生往往如此：拥有的越多，烦恼也就越多。因为万事万物本来就随着因缘变化而变化，凡人却试图牢牢把握让它不变，于是烦恼无穷无尽。倒不如尽量放下，烦恼自然会渐渐减少。话虽如此，又有谁能放下呢？

许多人都有贪得无厌的毛病，正因为贪多，反而不容易得到。结果患得患失，徒增压力、痛苦、沮丧、不安，一无所获，真是越想越得不到。

有个孩子把手伸进瓶子里掏糖果。他想多拿一些，于是抓了一大把，结果手被瓶口卡住，怎么也拿不出来。他急得直哭。

佛陀对他说："看，你既不愿放下糖果，又不能把手拿出来，还是知足一点吧！少拿一些，这样拳头就小了，手就可以轻易地拿出来了。"

在生活中，要学会"得到"需要聪明的头脑，但要学会"放下"却需要勇气与智慧。普通的人只知道不断占有，却很少有人学会如何放下。于是占有金钱的为钱所累，得到感情的为情所累……佛家劝人们放下，不是要人们什么事情都不做，是说做过之后不要执著于事情的得失成败：钱是要赚的，但是赚了之后要用合适的途径把它花掉，而不是试图永远积攒；感情是应该付出的，不过不必强求付出的感情一定得到回报，更何况什么天长地久。如果我们学会了"放下"的智慧，那么不仅会让周围的人受益,更是从根本上解脱了我们自己。

当佛陀在世的时候,有位婆罗门的贵族来看望他。婆罗门双手各拿一个花瓶,准备献给佛陀作礼物。

佛陀对婆罗门说:"放下。"

婆罗门就放下左手的花瓶。

佛陀又说:"放下。"

于是婆罗门又放下右手的花瓶。

然而,佛陀仍旧对他说:"放下。"

婆罗门茫然不解:"尊敬的佛陀,我已经两手空空,你还要我放下什么?"

佛陀说:"你虽然放下了花瓶,但是你内心并没有彻底地放下执著。只有当你放下对自我感观思虑的执著、放下对外在享受的执著,你才能够从生死的轮回之中解脱出来。"

在我们寻常人的眼里,世间的万法往往被认为是实有的,加之我们以固有的观念去看待世间的万物,因而在我们主观的视角中便产生畸形的人生观,当作衡量世间一切事物的尺度,因而使我们深深地被是非、烦恼困扰住了。于是人生就平生起了许多的痛苦,而我们自身又无法摆脱这种痛苦的缠绕。

显然,我们要摆脱世间各种烦恼的缠缚,单纯地依靠世间的智慧,无疑是不可能实现的,有时我们还需要一种勇气、一种敢于"放下"的勇气。比方说我们对某些事"求不得"时,就会想尽一切办法去努力争取实现其目的,而当这一目的被实现之后,新的欲求又将会接着产生,于是转而产生新的烦恼,如此则永无了期。此时此刻,如果我们心中能够产生一种"放下"的勇气,这个烦恼也就有了期限。

懂得"放下",是一味开心果、是一味解烦丹、是一道欢喜禅。只要我们能够适时地"放下",何愁没有快乐的春莺在啼鸣,何愁没有快乐的泉溪在歌唱,何愁没有快乐的鲜花在绽放!

重家行善的想法,会让你尽享人生幸福

如果你想幸福,就不要忙于事业而忽略了家庭感情。只有家庭幸福,努力事业才有乐趣,否则赢了财富,丢了幸福,只剩繁忙的人生太苦。如果你想感受温暖,那就不妨多行些力所能及的善事,非是求福报而是求心安,看着需要帮助的人得偿所愿,你会感觉快乐。重视家庭,你会收获幸福。乐于行善,你会收获温暖。

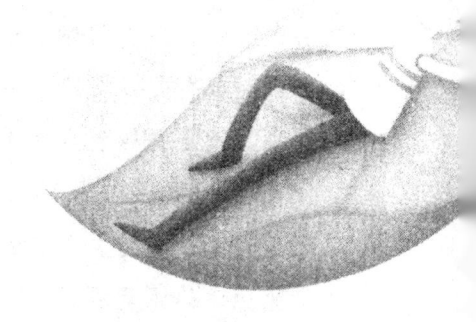

人不能没有事业，更不能没有家庭

事业，是人们的人生支柱，是人类的主战场。家庭是人类的大后方、避风港。家庭和事业两者相辅相成，好比人体的左右膀，失去哪一个，都不是健全的人生。

家庭和事业的结合，会带来甜蜜的生活。男女双方通过尊重和理解，在爱情的推动下，找到共同的理想和信仰，就找到了和谐美满的人生。爱的力量驱使人们不断向着已经选择的方向前进。

一切产生于爱的事业都是美好的，而与事业紧密相连的爱情是世界上最美好的。有多少科学家夫妻、艺术家夫妻、修道士夫妻，他们既是生活的伴侣，又是事业的知音。在他们中间，思想的沟通代替了一切。

小刘经历了惊心动魄的恋爱之后，于一年前结了婚。丈夫为人善良，懂得温存，帮她料理家务，对她也很好。

然而婚后，丈夫的美好品性渐渐地变得庸俗琐碎，蒙上了另一种色彩：温存变成萎靡，善良变成冷漠。对任何人、任何事都不感兴趣，也失去了一切爱好，工作为了挣钱，家庭是安乐窝，家庭以外发生的什么事他都无动于衷。

别人常问她："你还要怎样，有了称心如意的丈夫，又会料理家务，可你……"可她要的是丰富多彩的、光彩四溢的精神生活。她渴望他俩都有更崇高的志向，追求更高的目标，而不满足于富裕的生活。后来，她丈夫甚至连书都不看了……不用说，这对夫妻终因失去了维系他们感情的纽带——事业而分手了。

爱情是人类生活中至真至爱的东西，是作家、艺术家获取灵感的主要来源。单凭爱情不能发明火箭，不能使卫星上天。离开了事业，我们连温饱都成问题，哪有心思谈情说爱。没有精神生活的不断充实，再甜蜜的爱情也会夭折。一味地儿女情长，风花雪月，只是腐蚀人们意志的自我陶醉。

1979年，英国大选爆出冷门，有史以来的第一位妇女登上了首相宝座。她就是保守党的女党魁玛格丽特·撒切尔。撒切尔夫人在国际事务中采取维护英国利益的强硬路线，被人们称为"铁娘子"。

这位国际政治舞台上耀眼的明星，一位称职的女首相，不折不扣的女强人，在家庭舞台上也是一位女性很浓的妻子和母亲。

撒切尔夫人从成家到担任首相，一刻也没有忘记过自己作为家庭主妇的责任。她曾坦率地对前来采访的一家杂志的记者说，家庭生活对她来说绝对地重要："家庭生活是否幸福，会对一个人产生巨大的影响。血浓于水，家里的人总比外人亲。这需要互相体贴。"有一次她出席一个重要会议，会后她看了一下手表对旁边的人说："我还来得及赶到街口的食品店去给丹尼斯买点熏肉。"这时她的手下人都深感惊异，有人就建议她派一秘书去办理一下就行了，她却笑笑回答："不，只有我知道他喜欢哪种肉。"

她的工作极度紧张、疲劳，其劳累程度足以使一般意志坚强、身强力壮的男人败下阵来。她几乎每周都要工作7天，而且经常每天工作19个小时左右，但就是再忙碌，她也坚持操持家务，通常在凌晨一点半后才能入睡。

在各种场合，人们总可以看到撒切尔夫人戴的是一串珍珠项链和一副镶有五光十色的宝石手镯。有的爱挑剔的批评家对女首相的这种打扮提出了尖锐的指责："看上去总有一种上流社会的势利派头。"但撒切尔夫却全然不顾，因为项链和手镯是她丈夫丹尼斯送给她的生日礼物。

她的丈夫丹尼斯是一个很有成就的实业家，他对自己的妻子同样有着真挚的爱。"妇唱夫随"，丹尼斯还经常陪同撒切尔夫人到各个选区去参加各种活动，帮助妻子赢得更多的选票。

撒切尔夫人是举世瞩目的政治家，在家庭事业两个舞台上扮演了成功的角色。"用你额上的汗水换来你口中的面包"，为了事业，为了家庭，撒切尔夫人付出了艰辛的劳动。

同样，在我们的现实生活中，也不缺乏撒切尔夫妇类型的夫妇，他们在事业、家庭两个舞台上同样扮演了成功的角色。

爱，永远是人类吟唱不绝的情歌。假如有一千对痴情的少男少女，便会有一千个缠绵委婉的动人故事。

爱情是甘露还是苦酒，全在于各人的不同理解。有人说，只要爱心留存，便可永结同心，有爱便拥有一切。其实不然，男女结合，仅有爱还是不够的，它还需要共同的理想，相通的志趣和彼此的维系。

爱与事业本是一个完美的同心圆。只有爱情，没有事业的人生是庸庸无为的人生；只有事业没有爱情的人生，则是令人遗憾的人生。朋友们，为了你的爱情甜蜜，为了你的家庭幸福，请你在执著追求事业的过程中，用心培育爱的花蕾，垒筑爱的小巢吧！

比钻石更贵重的东西

一位爸爸下班回家很晚了，很累并有点烦，他发现5岁的儿子靠在门旁等他。

"爸爸，我可以问你一个问题吗？"

"当然可以，什么问题？"父亲回答。

"爸爸，你一小时可以赚多少钱？"

"这与你无关，你为什么问这个问题？"父亲生气地问。

"我只是想知道，请告诉我，你一小时赚多少钱？"小孩哀求。

"假如你一定要知道的话，我就告诉你，我一小时赚10块美金。"

"喔！"小孩低着头这样回答。小孩接着说："爸，可以借我5块美金吗？"

父亲发怒了："如果你问这问题只是要借钱去买毫无意义的玩具或东西的话，马上给我回到你的房间好好想想为什么你会那么自私。我每天长时间辛苦工作着，没时间和你玩儿小孩子的游戏！"

听了父亲的话，小孩安静地回自己房间并关上门。这位父亲坐下来还对小孩的问题生气，他很奇怪这么小的孩子怎么敢只为了钱而问这种问题？约一小时后，他平静下来了，开始想着他可能对孩子太凶了。或许他应该用那5块美金买小孩真正想要的，孩子并不常常要钱用。

父亲走到小孩的房间并打开门。

"你睡了吗孩子？"他问道。

"爸爸，还没睡，我还醒着。"小孩回答着。

"我想过了，我刚刚可能对你太凶了。"父亲说着，"我将今天的闷气都爆发出来了。这是你要的10块美金。"小孩笑着坐直了起来，"爸，谢谢你。"小孩叫着。

接着小孩从枕头下拿出一些被弄皱了的钞票。这父亲看到小孩已经有钱了又向他要钱，忍不住又要发脾气。这小孩慢慢地算着钱，接着看着他的爸爸。

"为什么你已经有钱了还需要更多？"父亲生气地问孩子。

"因为我以前不够，但我现在足够了。"小孩回答。

"爸爸，我现在有10块美金了，我可以向你买一个小时的时间吗？明天请早一点回家，我想和你一起吃晚餐。"

不要以为能给亲人更多的钱就给了他一切，真正的情感是无法用金钱来衡量的。无论你怎样的忙，切莫忘记给家庭生活留出时间。

给"痛苦"一碗闭门羹

在某栋楼的一个楼层电梯口,电梯门开的时候,你会赫然看见一家门上挂了块木牌,上头写着两行字:"进门前,请脱去烦恼;回家时,带快乐回来。"

长久凝视,细细玩味,你不禁对这家主人萌生无限感佩。短短的两句话,蕴含的却是深奥的家庭哲理。

进屋后,果见男女主人一团和气,两个孩子大方有礼,一种看不见却感觉得到的温馨、和谐,满满地充盈着整个屋内。自然问及那方木牌,女主人笑着望向男主人:"你说?"

男主人则温柔地瞅着女主人:"还是你说,这是你的创意。"

女主人甜蜜地笑道:"应该说是我们共同的理念才对。"经过一番推让,女主人轻缓地说:"其实也没什么大学问,一开始只是提醒我自己,身为女主人,有责任把这个家经营得更好……而真正的起因,是有一回在电梯镜子里看到一张疲惫、灰暗的脸,一双紧拧的眉毛,下垂的嘴角,烦愁的眼睛……把我自己吓了一大跳,于是我想,当孩子、丈夫面对这样一张面孔时,会有什么感觉?假如我面对的也是这样的面孔,又会有什么反应?接着我想到孩子在餐桌上的沉默、丈夫的冷淡,这些原先认定是他们不对的事实背后,是不是隐藏了另一种我不了解的原因,那真正的原因,竟是我!当时我吓出一身冷汗,为自己的疏忽而后悔,当晚我便和丈夫长谈,第二天就写了一方木牌钉在门上,结果,被提醒的不只是我而是一家人……"

家是心灵的港湾,是享受自己生活的空间,是一个亲情与爱的空间,每个家庭成员的一举一动或一句话、一个表情都直接影响家庭每个成员的心情。如果把家比作是一个存储器，你把欢乐"存"进去，拥有的就是快乐，你如若把烦恼"存"进去，拥有的也就只有烦恼。不要把工作中的压力和在外面的烦恼带回家，让家中只有快乐。

家庭、事业双丰收

很多人固执地认为家庭和事业往往不能同时很好地结合，其实不然，没有和谐的家庭后盾，事业也很容易分崩离析，两者其实是相辅相成的，犹太人在这方面就非常值得学习。他们在取得伟大成就的同时极为注重家庭生活，他们把家庭的地位看得很高。他们认为没有家庭，取得再大的成功，也是毫无意义的。

一天，有个人这样问拉比（犹太教社团中受过正规宗教教育、熟习《圣经》和口传律法而担任犹太教会众精神领袖或宗教导师的人）："尊敬的拉比，你无所不知，无所不能，那么请你告诉我。如果天上乐园里的亚当彻夜不归，当他第二天早上回来时，夏娃该怎么办呢？"答案是："夏娃会算一算亚当的肋骨。"

得到的答案为什么是这个呢。这源于《圣经》里的记载：上帝按照自己的形象造出了一个男人名叫亚当，但是亚当一个人觉得很孤单。于是他请求上帝再给他找个伙伴。上帝于是让亚当沉睡，并取走他的一根肋骨，造成一个女人夏娃。因此，女人就成为男人的骨中骨、肉中肉。因此，上帝要男人离开父母，和妻子合二为一，结合为一体。在恋爱中，男人追求女人，就是因为男人一心想取回属于自己的那根肋骨，而女人也渴望回到她所诞生的地方去。这两种神奇的力量互相吸引，便有了男女的互相结合。

《塔木德》上教导人们说："像爱护你自己一样爱你的妻子，好好保护她，不要让她哭泣，因为神将一滴一滴地计算着她的眼泪。"因此，犹太男人们很少施行家庭暴力，离婚率和家庭不幸的比例远远低于其他的民族。

犹太人对婚姻关系非常重视，他们认为幸福的婚姻是事业成功的基础。每个犹太小孩从小就受到这方面的训练，因为这是他一生幸福中关键的因素。

"如果你的妻子矮小，你要俯首聆听她的话。"如果一个男人像爱自己那样爱妻子，比赞美自己更多地赞美妻子，引导儿女走正当的路，在他们长大后安排他们结婚，那么这个男人的"帐篷充满安宁。"

犹太人认为：一个人应该时时注意不要冤枉妻子，因为她爱哭，她容易受伤害；一个人必须留心他对妻子的敬意，因为上帝降福给家庭全都为了她。

从前，有个人的妻子有一只手畸形，但是直到她去世时他才发现。拉比说："这个女人多么谦卑啊，她丈夫竟然从来没有发现她的残疾。"拉比希亚对他说："她把手藏起来是很正常的，但是这个男人多么谦卑啊，因为他从来没有检查过妻子的肢体。"

犹太人认为，好唠叨的女人犹如雨天里不停落下的水珠一样，没完没了。没有什么比坏妻子更糟糕了，只有邪恶才能制服她。

在犹太人看来，男人的成功都是伟大的妻子给的，因此他们在生活中特别地尊重自己的妻子，把妻子看做是自己成功的源泉。

正因为如此，犹太人的家庭成员之间的关系很融洽，整个家庭显得十分的和睦。犹太教规定了夫妻、父子之间的责任，使得大家彼此关心，家庭成员的责任感也很强。《塔木德》又说："神没有用男人的头造女人，因为女人是不可以支配男人的，同时，神也没有用男人的脚来造女人，这是因为不可以让女人成为男人的奴隶的缘故。惟独用男人的肋骨来造女人，就是希望女人经常能在男人的心中。"这使犹太人家庭的质量很高。我们所说的家庭质量很高，不光是指犹太家庭比较富有，更主要的是指犹太人的家庭幸福，充满了祥和的气氛。所以，犹太人经常会满意于自己的家庭。

正是有了一个幸福美满的家庭，一个稳定的大后方，所以犹太人才会一心扑在事业上，才能干出一番事业来，他们为了这个温馨的家庭，为了爱自己、关心自己的妻子而努力地工作，拼命地工作。正因为他们知道人生真正的幸福是有个幸福的家庭，所以犹太人总是生气勃勃的，就算工作再怎么辛苦，再怎么劳累，他们也能一笑置之。

"乐善好施"也是一种投资

假如有一天钱赚得够多了，你就会感觉到钱并非很重要。这句话显得很有哲理，一般人是无法体会到的。但如果我们了解有钱人的生存背景以及文化渊源，我们就会有所理解。事实上，有钱人是最懂得赚钱的，同时，又是最懂得花钱的，在他们看来，金钱的用处各种各样，这其中也包括慈善用途，因此，他们在想做什么好事时，可以说做就做。

辩证地看，有钱人如此乐于做善事，事实上也是一种生意经。他们大量地捐资为所在地兴办公益事业，会赢得当地政府的好感，对他们开展各种经营十分有利。有些富商由于对所在国的公益事业有重大义举，获得了国王的封爵，如罗思柴尔德家族有人被英王授予勋爵爵位；有些犹太商人还获得当地政府给予优惠条件开发房地产、矿山、修建铁路等，赚钱的路子从中得到扩宽。

他们明白，企业与社会的关系，就好像鱼与水的关系。有的人经商办企业，只顾自己赚钱，挥霍享受。这种人往往由于胸怀欠宽，到头来不见得能把企业做大。而一些大企业家在事业取得一定成功之后，总忘不了回馈社会，积极主动地去承担社会责任。

有钱人的这种以善为本的情怀是许多优秀的商人所固有的。例如，中国台湾富翁王永庆在这方面也总是不遗余力，堪称典范。从某种意义上说，这也是他赖以取得成功的一种内在素质和基本功夫。

1984年，王永庆和弟弟王永合捐了1亿元给社会福利事业，创下私人捐款的最高纪录。

1986年，王永庆70岁时，做了几件有益于社会的大事。

当年，中国台湾地区很多患者需要捐赠器官以挽救生命，可是台湾人传统有全尸的观念，不肯把器官舍弃，一定要带着完整的身体入土。他知道了后，公开宣布，在5年内，所有在死亡后捐出器官遗爱人间的人，他将赠给10万元作为丧葬补助费，钱虽然不多，但是对提倡捐赠器官的风气却有正面的作用。

在非赢利性事业方面，王永庆先后成立了明志工业、长庚纪念医院、生活素质研究中心等，都是以台塑模式来进行管理，因此成效卓著，成为同业中的佼佼者。

在回馈社会，兴办公益事业方面，长庚医院可谓是王永庆的一大手笔，深得台湾人民的赞赏。

长庚医院的设置，大大地提高了当时的医疗科技水平。

医院创院时向外招来寥寥几个医护人员参与开拓工作，其后每年接收实习医师，自行培养成住院医师，最后使其成为主治医师，至今其主治医师人数已达700多人，构成了非常坚强有力的阵容。后来院方评估嘉云地区医疗资源严重不足，企业又有建厂计划，因而接受企业方面的请求，为了回报社会，王永庆决定前往设置医院，以满足当地的医疗服务需求。

王永庆谈到，依据经验，在贫瘠的麦寮地区要提高医疗水准，并兼顾各方面的条件，必须设立一所具有一定规模的医学中心，除了提供当地的医疗服务外，从彰化以南到台南以北，在此一地区内的医疗机构也可以和长庚纪念医院相互配合支援，协同提升整个地区的医疗水准，充分发挥正面效果。

王永庆竭尽心力回报社会的行动，得到了大家的认同，在他的心目中，善举其实也是一种财富，只是这种财富是精神的财富，让人们的精神得到了一种快乐。同时，他的善举也带动了一大批事业有成的富商人士慷慨倾囊兴办公益事业。

学会与人分享，你将收获更大的幸福

有一个字谜很有意思："一人本姓王，怀里揣着两块糖。"谜底是"金"。是啊，一个人，无论身处怎样的境遇，只要他怀里揣着两块糖，一块慷慨地赠与别人分享，一块留下自己慢慢品尝，就自会获得人生的快乐和金子般的幸福。在生活中，我们只要与别人分享幸福，分享快乐，分享亲情，分享成功，分享信息，分享甘苦……就会在分享中获得人生的真谛。

《四十二章经》中说：睹人施道，助之欢喜，得福甚大。沙门问曰：此福尽乎？佛言：譬如一炬之火，数千百人各以炬来分取，熟食除冥，此炬如故。福亦如之。其实幸福是埋藏在每个人心中的感觉，只要你愿意去开启它，愿意相信自己，那幸福就会常在。

记得有位作家曾说过："倘若你有一个苹果，我也有一个苹果，而我们彼此交换苹果，那么，你和我仍然是各有一个苹果。但是，倘若你有一种思想，我也有一种思想，而我们彼此交换这些思想，那么，我们每人将各有两种思想。"分享的幸福正在于，它可以使我们拥有更多的东西，而把自己的东西拿来与别人分享的那一刻，不但能体会到分享的乐趣，更能体验到一种满足感。因为分享幸福，你会得到双倍甚至更多的幸福，所以我们也在享受幸福。让我们静静坐下来，让幸福在我们身上停留。

有一位叫智德的禅师在院子里种了一株菊花。三年后的秋天，院子里开满了菊花，香味一直传到了山下的村子里。来禅院的信徒都不住地赞叹："好美的花儿啊！"

有一天，有人开口向智德禅师要几枝种在自己家的院子里，智德禅师答应了。他亲自动手挑了开得最艳、枝叶最粗的几株，挖出根须送到别人家里。消息传开后，前来要花的人接踵而来，络绎不绝，智德禅师满足了每个人的愿望。可是这样一来，没过几天，院里的菊花就都被送出去了。弟子看到满院的凄凉，忍不住说："太可惜了！这里本来应该是满院的香味啊。"智德禅师微笑地说："这样不正好吗？因为三年以后就会是满村菊香了啊！"弟子听师傅这么一说，脸上的笑容立刻如菊花一样灿烂起来。智德禅师告诉弟子："我们应该把美好的事物与别人分享，让每个人都感受到这种幸福，即使自己一无所有了，心里也是幸福的啊。"

这个故事揭示了一个道理，什么是真正的幸福？关心爱护周围的人，多为别人着想的人，心中的幸福感觉最多，因为看到别人的幸福微笑，我们心中自然也会感到幸福快乐。

幸福是人人可以达到的，无论年龄、性别、职位；幸福是心灵内在的感触；幸福的人生是人与环境的和谐；幸福是人文与物质的平衡；能与人分享幸福是双倍的幸福；幸福感不仅来自获得，更来自于给予；有爱的人生才是幸福的人生；执著、勇敢、热忱、信念是通向幸福彼岸的诺亚方舟；幸福来自于对愿景的追求。

"友善"能够为你招财进宝

"机遇、财富，财富、机遇"，人们不停地呼喊、召唤，可它们往往又与那些呼喊者擦肩而过。或许你还有点不相信吧：热诚与友善就是一笔财富。

陈玉书在外打工的那段日子，异常郁闷，加之一周的劳累，更显得疲惫了。

一个周末，他来到维多利亚公园放松放松，见一个妇人推着一辆童车在公园荡秋千的地方停下。

孩子很想去荡秋千，于是这位母亲将童车上的孩子抱起来放在秋千的坐板上，去推秋千的摇绳，大概因体弱无力，妇人推了好几次，秋千都荡不起来。陈玉书忙帮妇人加力把孩子推了一把，顿时秋千大幅度地荡起来，孩子被荡得高高的，呵呵地笑个不停，这位母亲顿时满脸笑容。两人一面合力荡着孩子，一面闲聊。

闲聊中，陈玉书了解到这位太太是印尼华裔，其夫在印尼驻香港领事馆工作⋯⋯

大概是与那位印尼华裔相遇的下一个周末，陈玉书又遇见了另一位印尼华侨。这位印尼华侨无意中向陈玉书吐露出他最近有一批准备运往印尼的货物，因领事馆的商业签证问题遇到麻烦，迟迟不能起运，时间一天天地耽误。

陈玉书看到这个人一副苦相，他内心里的"热诚"这一根深蒂固的观念又发挥威力了，脑子里突然灵光一闪，公园里认识的那位太太的丈夫不就在领事馆管这事吗？对，去找那位太太说说，看她的丈夫能否帮上忙？

于是，陈玉书从这个人手里接过文件，又让他去洗了照片，然后带上礼物，来到那位太太的家里。

这位太太见陈玉书上门求她帮忙，想起那天在公园荡秋千时那副热心助人的镜头，太太没有犹豫，便将陈玉书引见给她的丈夫。太太的丈夫见陈玉书是太太引见的人，便热情地接待了陈玉书，并向陈玉书了解了那个人不能办商业签证的原因，第二天帮其补办了一些手续，很快就把商业签证办妥了。

当陈玉书将办好签证的喜讯告诉那个人的时候，那个人高兴得跳了起来，且情不自禁地问他："我给你5万块钱谢礼，够不够？"陈玉书做梦也没有想到一次小小的帮忙，能够得到这么大的回报，他激动地说道："够了！够了！"

那是20世纪70年代初期，这5万元的酬金，可抵得上陈玉书当时年薪的100倍。得到这笔重金，陈玉书人生的航向也改变了，他开始涉足商海，后来成为世界享有盛名的景泰蓝大王。

很多人都将他的成功归结为"友善"二字，他也说，友善，也是一种正确的观念，就是财富之源。

友善是人内心深处的一种本质，它并不需要你刻意地去为之奋斗，只要在别人有困难时，如陈玉书那样推一把，并不是有什么所求与目的，是发自内心的友善。其实友善也是财富之源！

奉献着，快乐着

有一种付出同时也是收获，有一种奉献充满了快乐。是的，我们如此欣慰地发现，奉献、友爱、互助、进步的精神被越来越多的人所接纳认同，当越来越多的人以各种方式实践着奉献精神的时候，当作个奉献者成为一种文化与时尚的时候，生命也因此更加充满光彩，这个城市也正变得越发地可爱与温暖。

肯尼斯·贝林是美国最富有的400人之一，却常常得不到快乐，他说："一些人毕生都在追逐金钱，绝大多数时间却一无所获。另一些人挣的钱多得花不了，自己却活不过他们开的那些公司。这两种人都在朝着他们所认为的幸福不停地劳作。但是他们都错了。"

事情发生在1999年，肯尼斯·贝林乘坐私人飞机到了罗马尼亚。在当地一家医院里，71岁的贝林第一次把上了年纪的残疾人扶到了轮椅上。从那一瞬间起，两个人的命运发生了改变。

贝林来非洲之前，圣徒慈爱协会专门找到他，希望他能够用私人飞机顺路带些捐赠物品到罗马尼亚，包括肉罐头和六把轮椅。坐上第一把轮椅的老人，他妻子过世了，他又中了风不能行走，如果没有轮椅他只能永远呆在屋子里。

"他老泪纵横，并且告诉我说：'现在，我可以走出院子，和邻居们一起抽袋烟了。'我只不过把他扶上了轮椅，但就好像帮他恢复了生活的快乐。"77岁的贝林接受《英才》专访时说，"生平第一次，我感受到了快乐。为了保持那种感觉，我愿意尽我所能去做任何事。"

罗马尼亚之行，点燃了贝林从事慈善事业的激情，接下来的几年里，他频频地光顾非洲的医院、东欧国家、阿富汗以及中国、印度、越南等国家。2000年，贝林创立了轮椅基金会。根据其网站数据，到2005年5月，轮椅基金会向全球130多个国家，捐赠了超过37万台轮椅。

直到晚年，贝林才找到了自我实现的途径。在《为富之道》一书中，贝林讲述了他如何从大衰退时代的穷孩子，到成为美国最富有的400人之一，再到成为慈善家的经历。

1928年，贝林出生在美国威斯康星州的农户家里，他祖父母是从普鲁士和瑞士移民到美国的。贝林的家境很贫困，他父亲一小时挣25美分，他母亲帮别人洗衣服、打扫卫生，两人用微薄的收入支撑整个家庭。贝林回忆说:"我在中学之所以热衷于橄榄球,其中一个原因便是学校是第一个让我洗到热水澡的地方。"

"我是自己成长的。他们让我自行其是,让我自己做出重大决定,因为他们都在为谋生而奔命,几乎没有时间来管我。我变得有点不耐烦,我不喜欢做穷人,"贝林说,"但是这种经历,使我渴望走出去,而且做什么事情都无所畏惧。"

在7岁那一年,贝林有了自己的第一份工作——卖报纸。每卖掉一份报纸,他就能挣1美分。此后,他又帮助别人装卸牛奶、修剪草坪,并在木场、乳酪厂和杂货店等地方工作。用他的话说,就是"做一切可以挣到美元的工作"。高中毕业以后,他成为二手车销售员,最后成立了自己的汽车经销商公司。后来,他变成了房地产开发商,搬到加利福尼亚。27岁那年,他挣到了人生中的第一个100万美元。

他拥有顶级豪宅,世界级经典汽车,私人飞机,在1988年～1997年间他还拥有西雅图海鹰橄榄球队。应有尽有,贝林似乎什么都不缺了。但是,他又总觉得自己生命中缺少了某一样东西。直到他把别人扶上轮椅时,他才找到了这种东西。

当别人坐上轮椅并把便利和自由的意义告诉他时,贝林深受感动。"很多人都告诉我说,这给我们带来了巨大的变化,从想去死到想活着。"他说。

到发展中国家的旅行,"使我更加感激……自由并非天生而来,我们需要付出代价。我们需要不断地奉献并且不断努力,这么做不是为了得到回报,而是为了享受奉献所带来的快乐。"

"我为自己在找到目标以前虚度了那么多年的光阴而深深遗憾——并非因为我不渴望去寻觅,而是我起初以为钱挣得多就是目标。事实就是,我把梯子靠错了墙,爬到顶才发现错了。"

一个人生活在世上,渺小如大海里的一滴水,但只要对社会、对国家、对人们奉献的意识和行动,真心真意的付出,即使是一滴水,也能折射出太阳的光辉，成为最美丽的风景。而自己，也会在这奉献中体会到快乐与幸福。

让爱泛滥起来！

情感的最高表现方式是"润物细无声"似的潜移默化，而情感的最高境界则是"大爱无形"的博爱。博爱把人们从"小我"中解放出来，从个人利益、个人情感中解放出来，投身于人们的共同事业中去，从而实现人们生存的真正使命。

其实，佛教所提出的"慈悲为怀、普度众生、不杀生"就是博爱。在佛的心中，从不会把除了人之外的自然万物排除在生命之外，认为它们可以任意践踏、宰割，慈悲并不仅仅是指对人的慈悲，爱惜生命也包括爱惜动物甚至植物的生命。

佛教特别强调众生万物的平等，主张爱护众生，尊重生命。这样的"利他主义"实在是有利于对大自然的保护、对动物的保护，实现生态平衡，进而实现对人们和世界的保护。

在东北的一个煤矿城市，有这样一位赫赫有名的"孩子王"，他是个普通的煤矿工人，却因为一次偶然的经历，开始了收养孤儿的人生之路。

那时，他的邻居不幸得重病去世了，家里的4个孩子无人照顾，于是他挺身而出，将4个孩子接到自己家中抚养。后来，他又陆续从街上领回了更多的孤儿，都是一些因为各种原因失去家人、无人依靠的可怜孩子。

本来贫寒的家里一下子多出了这么多张吃饭的嘴，他的经济负担变得更加沉重。于是，他借钱买了一辆卡车，做起了卖煤的生意。刚刚赚到了一些钱，他就张罗着让孩子们上学，让孩子们能够正常地学习文化知识，将来做对社会有用的人。但是，所有的学校都不愿意收下这些没有户口的孤儿，于是他又张罗着给孩子们请老师，但是他的那些钱显然还是太少了，没有老师肯到这个穷乡僻壤来教育一群日子过得朝不保夕的孤儿。

他没有气馁，而是将目光锁定了一位退休女教师，三番四次地上门去请，好话说了一箩筐，为了等女教师回家，还经常睡在她家的楼道里。这位教师最后终于被感动了，答应了他的请求，跟他来到了那几间背靠大山的破房子里。

就这样，他收养孤儿的名声越来越大，还有不少孤儿自己找上门来，他都爽快地收下了。一次，他在半夜拉煤的途中碰到了两个劫道的年轻人，一番言语交锋之后，他得知这两个人是亲兄弟，从小跟着奶奶长大，现在奶奶重病住院，他们实在凑不齐那么多住院费，又不能眼看着奶奶病死，万般无奈才出此下策。他马上提出可以帮他们垫付医药费，并邀请这兄弟俩到他那里帮工，最终成功地将两个年轻人从犯罪的道路上拉了回来。

但是，因为收养的孩子太多了，每天不仅要发愁煤的销路，还要操心孩子们的衣食住行，所以他上高中的女儿对他产生了强烈的不满，说父亲不关心她，只关心那些孤儿。女儿由开始的撒娇哭闹发展到最后对他不理不睬，看到父亲依然没有时间和精力宠爱自己时，伤心的女孩竟然选择了服毒自杀来报复自己的父亲，死在了参加高考的路上。

他悲痛欲绝，他的妻子更是状似疯癫，所有的亲戚都指责他、数落他，甚至冲上来动手打他，但他忙完了女儿的丧事，依然强打起精神无微不至地照顾着那些孤儿。

在他的不懈努力下，越来越多的人开始理解他、敬重他，并纷纷伸出援手帮助他，一家大工厂的厂长在检验了他的煤确实达到了燃烧标准后，毫不犹豫地选择了他作为工厂的惟一供煤商，各级政府机构在得知了他的善举后，也纷纷大开绿灯，优先帮助他解决了那些孤儿的入学问题。

最终，他凭借自己的勤奋努力组建了实业公司，并将公司盈利的大部分拿出来建了一座孤儿院，不但照顾孩子们的生活，还设立了专门的学校让他们像正常的孩子一样读书、考试、升学，许多生活在那里的孩子被他送进了高中乃至大学校园，孩子们都亲热地称呼他为"爸爸"。

在我们的社会中，从来都不缺少这样有博爱之心的人，他们并不觉得自己有多么崇高、多么伟大，只是凭着自己朴素的爱心，无愧地行走在人生的道路上，用他们的博爱精神感动着所有人。

博爱是人们情感中最高的精神境界，也因为如此，所以无论是黄皮肤黑眼睛的中国人，还是其他各色人种的外国人，都会对"博爱无国界"这句话深表赞同！